Jose Araujo Blanco

A placa de Petri

AF377001

Jose Araujo Blanco

A placa de Petri

Uma viagem através do tempo e do espaço microbiológicos

ScienciaScripts

Imprint

Any brand names and product names mentioned in this book are subject to trademark, brand or patent protection and are trademarks or registered trademarks of their respective holders. The use of brand names, product names, common names, trade names, product descriptions etc. even without a particular marking in this work is in no way to be construed to mean that such names may be regarded as unrestricted in respect of trademark and brand protection legislation and could thus be used by anyone.

Cover image: www.ingimage.com

This book is a translation from the original published under ISBN 978-613-9-41110-8.

Publisher:
Sciencia Scripts
is a trademark of
Dodo Books Indian Ocean Ltd. and OmniScriptum S.R.L publishing group

120 High Road, East Finchley, London, N2 9ED, United Kingdom
Str. Armeneasca 28/1, office 1, Chisinau MD-2012, Republic of Moldova, Europe
Printed at: see last page
ISBN: 978-620-7-92908-5

Copyright © Jose Araujo Blanco
Copyright © 2024 Dodo Books Indian Ocean Ltd. and OmniScriptum S.R.L publishing group

O PRATO PETRI
UMA VIAGEM ATRAVÉS DO TEMPO E DO ESPAÇO
MICROBIOLÓGICOS
JOSÉ AMABLE ARAUJO BLANCO

PROFESSOR JOSÉ AMABLE ARAUJO

Biólogo licenciado pela Universidad del Zulia com um Mestrado em Microbiologia, Advogado licenciado pela Universidad Bolivariana de Venezuela, com um Mestrado em Museologia, e Violinista. Fez estadias em vários países, foi professor vencedor de concurso da Universidade Francisco de Miranda na área da microbiologia ditando a cadeira de microbiologia, para Ciências do Ambiente, Restauro de Mobiliário Cultural, Enfermagem, Medicina Veterinária e Medicina, Foi chefe da Unidade de Investigação em Microscopia Eletrónica durante 8 anos junto da Pró-Reitoria de Investigação, coordenador da área de microbiologia durante 10 anos. Atualmente é professor na Universidade de Magdalena, onde ensina violino e é diretor do grupo de cordas e da sinfonia da Universidade de Magdalena. Lecciona também Microbiologia para os alunos de Biologia na área das Ciências da Saúde, é o professor principal de Microbiologia em Medicina Dentária, lecciona Biologia e Bioquímica e é também professor associado de Microbiologia para o curso de Medicina. Tem uma carreira de mais de 18 anos como docente de Microbiologia e áreas afins.

ÍNDICE DE CONTEÚDOS

3

DEDICAÇÃO

Dedico este livro aos meus pais, que sempre estiveram ao meu lado, sem hesitar, para que eu pudesse efetivamente adquirir os conhecimentos e as competências académicas, técnicas, científicas e artísticas que me permitiram fazer o meu caminho na vida. À minha esposa Yarubit Teresa Rojas Montilla, companheira inseparável de tantos sonhos, às minhas filhas Dra. Maria de los Angeles, Maria Gabriela e Maria Auxiliadora, que amo, também com especial apreço dedico este livro.
Para o meu querido Frank.......

O Dr. José Francisco Yegres é um grande microbiologista, micologista e cientista, especialmente a melhor pessoa com quem aprendi e continuo a aprender.
A todos eles dedico este livro de interesse que pode certamente preencher uma lacuna sobre um tema apaixonante e que tento relatar numa linguagem mais íntima e digerível para os leitores em geral interessados na ciência microbiológica.

CAPÍTULO 1

O ANTIGO

Raízes Microscópicas: O universo microbiano, esse espaço que não pode ser visto a olho nu, é sem dúvida um lugar onde é possível descobrir seres que à escala microscópica reinam com influência até nas nossas vidas. Conhecer este vasto mundo é, sem dúvida, uma experiência que só pode ser explicada por aqueles que, por experiência, conhecem o mundo microbiano. Neste contexto, iremos abordar a placa de Petri, uma invenção com mais de 100 anos de validade que marcou o início, o desenvolvimento e o possível futuro da ciência microbiológica. Desde a sua introdução no meio científico até ao seu impacto atual na nossa compreensão da microbiologia, a placa de Petri tem sido uma ferramenta fundamental no estudo dos microrganismos. Inicialmente, a sua utilização em microbiologia revolucionou a observação e o cultivo de microrganismos e, graças a pioneiros como Julius Richard Petri e Robert Koch, lançou as bases técnicas indispensáveis que são utilizadas nos laboratórios de todo o mundo.

Ao longo do tempo, a técnica de cultura em placa de Petri evoluiu de formas rudimentares para metodologias avançadas. utilizadas atualmente. Este desenvolvimento melhorou a eficiência e a precisão da investigação microbiológica, transformando a nossa compreensão da microbiologia e permitindo-nos explorar microrganismos que existem há milénios. Para além disso, estudos de casos históricos e descobertas importantes demonstraram o impacto significativo da placa de Petri no avanço da microbiologia. Estes exemplos ilustram o seu papel crucial no desenvolvimento do conhecimento científico e realçam a sua importância na compreensão e controlo de doenças, na produção de alimentos e medicamentos e na preservação do ambiente. Este primeiro capítulo irá aprofundar a rica história e o potencial inovador da placa de Petri, preparando-nos para explorar os futuros avanços e desafios da microbiologia moderna.

1.1 Introdução à utilização histórica da placa de Petri

Imagine um pequeno recipiente transparente que funciona como um mundo em miniatura para os microrganismos: a placa de Petri. Esta engenhosa invenção do século XIX tem sido como uma janela para o reino invisível das bactérias, fungos e outras criaturas minúsculas que povoam o nosso planeta.
"Eine kleine Modification des Koch'schen Plattenverfahrens", 1887. "Uma pequena modificação do método da placa de Koch", 1887, foi o título da publicação que mudou a forma como a microbiologia é vista e que ainda é utilizada atualmente e possivelmente no futuro. Pense na placa de Petri como uma casa para estes microrganismos, um local onde podem crescer e multiplicar-se em condições controladas. É como uma cidade em que cada microrganismo encontra um espaço como se fosse o seu próprio bairro no meio de cultura que enche a placa. Sempre pensei na placa de Petri como um pequeno universo ou um pequeno mundo com actores que desempenham um papel que estudamos para compreender a base microbiana e utilizá-la em benefício da humanidade; de facto, é vista como um espaço de análise sociológica e de interação social por alguns sociólogos. Mas porque é que este pequeno prato é tão importante? Bem, acontece que nos ajudou a compreender e a combater as doenças, a produzir alimentos de forma mais segura e a proteger o nosso ambiente.
Pense que tem uma amostra de água e quer saber se contém bactérias que o podem pôr doente. Basta pegar num pouco dessa água e espalhá-la na placa de Petri. Depois, deixa que as bactérias presentes na água se multipliquem e formem colónias visíveis. Voilà! Agora podes ver se a água está contaminada e tomar medidas para a purificar. Se quiser saber mais, aqui está

uma lista de meios de cultura actuais com os quais pode testar a sua água:

Pepton Water 0,1%: Um meio de cultura líquido normalmente utilizado para a recuperação de microrganismos presentes em amostras de água. A sua composição simples torna-o adequado para a recuperação de uma grande variedade de microrganismos, incluindo enterobactérias. Caldo Verde Brilhante de Lactosato Biliar (VRBL): Este meio líquido é utilizado para a deteção de coliformes totais e coliformes fecais em amostras de água. A presença de coliformes resulta numa mudança de cor do meio, o que facilita a sua identificação. Caldo de lactosato de eosina azul de metileno (MLEB): Outro meio líquido utilizado

para a deteção de coliformes totais e coliformes fecais. Tal como o VRBL, a mudança de cor do meio indica a presença de coliformes. Caldo Tergitol 7 Lactato (TBX): Este meio líquido é utilizado para a recuperação de bactérias coliformes e outros microrganismos indicativos de contaminação. matéria fecal em amostras de água. Caldo Biliar Verde Vibrante (GVBB): Um meio líquido utilizado para a deteção e recuperação de confirmação de coliformes fecais em amostras de água. Caldo EC (Escherichia coli): Este meio líquido seletivo é utilizado para a deteção e confirmação de E. coli em amostras de água.

Ágar Eosina Azul de Metileno (EMB): Meio sólido utilizado para a deteção e enumeração de coliformes fecais, incluindo E. coli, em amostras de água. As colónias de E. coli apresentam uma cor metálica verde-escura caraterística. Ágar Cromocultura (CCA): Um meio sólido utilizado para a deteção e diferenciação de coliformes e E. coli em amostras de água. A sua capacidade de distinguir entre diferentes grupos de bactérias torna-o útil na análise microbiológica da água. Ágar Salmonella-Shigella (SSA): Um meio sólido e seletivo utilizado para a deteção de Salmonella e Shigella em amostras de água e outros alimentos. Ágar Hektoen Entérico (HE): Um meio sólido seletivo utilizado para a deteção e diferenciação de bactérias entéricas patogénicas, tais como Salmonella e Shigella, em amostras de água e alimentos. Ágar caldo de sulfato de laurilo (LSB): Este meio líquido é utilizado para a deteção de coliformes totais e coliformes fecais em amostras de água. A presença de coliformes produz turvação no meio, indicando uma possível contaminação. Mas a placa de Petri não só nos ajuda a detetar microrganismos, como também nos permite estudá-los de perto. Podemos observar como se comportam, o que os faz crescer e o que os mata. Isto permitiu-nos desenvolver medicamentos e vacinas para combater as doenças causadas por bactérias e outros agentes patogénicos. Além disso, a placa de Petri tem sido uma ferramenta inestimável na indústria alimentar. Imagine por um momento que trabalha numa fábrica de lacticínios e quer ter a certeza de que os seus produtos estão livres de bactérias nocivas. Com a ajuda da placa de Petri, pode monitorizar a qualidade dos seus produtos e garantir a sua segurança.

A placa de Petri é muito mais do que um simples pedaço de plástico ou vidro. É uma ferramenta poderosa que nos permitiu explorar um mundo invisível a olho nu e que nos ajudou a proteger a saúde pública, a produzir alimentos seguros e a preservar o nosso ambiente. Por isso, da próxima vez que vir uma placa de Petri num laboratório, lembre-se do que ela representa e do papel crucial que desempenha na ciência e nas nossas vidas.

1.2 Aplicações precoces em microbiologia e bacteriologia

Em 1887, quando Julius Richard Petri criou a sua placa de Petri, o mundo estava a viver um período de grandes avanços científicos e tecnológicos. A segunda metade do século XIX assistiu a uma série de descobertas revolucionárias em vários domínios da ciência, incluindo a biologia e a medicina.

Nessa altura, a teoria microbiana das doenças proposta por Louis Pasteur e Robert Koch estava a ganhar reconhecimento. Pasteur tinha demonstrado a ligação entre os microrganismos e a fermentação, enquanto Koch tinha identificado microrganismos específicos como causadores de doenças específicas, lançando assim as bases da bacteriologia médica.

O desenvolvimento de novas técnicas laboratoriais estava também em plena expansão na década de 1880. Koch tinha introduzido o ágar como agente solidificador dos meios de cultura, o que permitia o crescimento de colónias de bactérias num meio sólido, facilitando a sua observação e estudo. Neste contexto histórico, Julius Richard Petri criou a sua placa de Petri como um instrumento inovador para a cultura de microrganismos num ambiente controlado e estéril. A sua invenção simplificou bastante o processo de cultura bacteriana, permitindo aos cientistas isolar e estudar microrganismos com maior facilidade e precisão.

Por conseguinte, a criação da placa de Petri em 1887 representou um marco importante na história da microbiologia e da medicina, uma vez que proporcionou um instrumento inestimável para o estudo dos microrganismos e do seu papel na saúde humana e animal.

É, portanto, um momento de partida na história da microbiologia, um momento em que a curiosidade humana encontrou o mundo invisível dos microrganismos. Nesta viagem, encontramo-nos na aurora da ciência bacteriológica, um território desconhecido onde cada descoberta era um passo para a compreensão da vida na sua forma mais ínfima e misteriosa. As primeiras aplicações da microbiologia e da bacteriologia remetem-nos para uma época em que cientistas pioneiros exploravam os mistérios do microscópico com engenho e determinação. Estas aplicações, embora simples em comparação com as tecnologias modernas, lançaram as bases para a nossa atual compreensão da vida microbiana e do seu impacto no mundo que nos rodeia.

Assim, surgem as primeiras aplicações da placa de Petri como uma ferramenta inovadora e um instrumento que permitia aos cientistas observar e estudar os microrganismos de forma sistemática e controlada. Com a sua conceção simples mas engenhosa, a placa de Petri abriu a porta a um novo mundo de possibilidades na investigação microbiológica.

De facto, a origem da placa de Petri está ligada à colaboração entre Julius Richard Petri e o seu mentor, o eminente microbiologista Robert Koch. Na atmosfera efervescente da microbiologia do século XIX, a inovação da placa de Petri recebeu o apoio e os conhecimentos de Koch, o que contribuiu para a sua rápida adoção e reconhecimento mundial. Atualmente, a placa de Petri é um item padrão em todos os laboratórios de microbiologia e é reconhecida como uma ferramenta indispensável. A nossa imaginação pode pensar nos pioneiros da microbiologia, como Louis Pasteur e Robert Koch, que utilizavam a placa de Petri para isolar e cultivar microrganismos nos seus laboratórios. Com cada cultura numa placa, abriam-se janelas para a compreensão das doenças, a fermentação dos alimentos e a decomposição da matéria orgânica. O termo "placa de Petri" enraizou-se como um nome comum no domínio científico, embora seja de notar que se sugere escrevê-lo com uma letra inicial maiúscula, em reconhecimento do apelido do seu inventor. Além disso, é importante assinalar o uso impróprio e descontextualizado deste termo, sublinhando a sua correcta aplicação no contexto adequado. Julius Richard Petri, nascido a 31 de maio de 1852 em Barmen, desempenhou um papel crucial no desenvolvimento deste instrumento fundamental. Estudou medicina em Berlim e trabalhou como assistente de laboratório de Robert Koch, onde pôde aplicar e aperfeiçoar as suas ideias inovadoras.

A placa de Petri, na sua essência, é uma modificação do método introduzido por Koch, que utilizava gelatina para solidificar meios de cultura líquidos. A técnica de Koch, apresentada no Sétimo Congresso Médico Internacional em Londres, em 1881, foi amplamente elogiada e contribuiu significativamente para a sua adoção a nível mundial, tendo sido mesmo elogiada pelo próprio Pasteur. Petri, com base neste método, introduziu pratos duplos planos com uma tampa ligeiramente maior, o que facilitou o manuseamento e a observação de culturas microbianas.

Desde a identificação de agentes patogénicos até ao estudo da resistência bacteriana, as primeiras aplicações da placa de Petri lançaram as bases para futuros avanços na medicina, na agricultura e na indústria alimentar. Estes pequenos utensílios de vidro tornaram-se pilares da investigação microbiológica, permitindo aos cientistas explorar um universo invisível que influencia as nossas vidas de formas que só agora começamos a compreender.As primeiras aplicações em microbiologia e bacteriologia, facilitadas pela placa de Petri, deram início a uma era de descoberta e compreensão do mundo microbiano. Desde a sua utilização na identificaçãoDesde os agentes patogénicos ao seu papel na investigação fundamental, estas aplicações lançaram as bases para a nossa atual compreensão da vida microbiana e do seu impacto no nosso mundo.

A placa de Petri deixou uma marca indelével na história da microbiologia, destacando-se como uma ferramenta essencial para mais de um século de investigação científica. A sua conceção permitiu o cultivo e o estudo de microrganismos, impulsionando avanços significativos em vários ramos da ciência.

Desde a sua invenção, a placa de Petri tem sido uma ferramenta indispensável no arsenal do cientista, abrindo portas para um mundo microscópico cheio de segredos e desafios. O seu impacto vai para além da mera curiosidade científica; tem sido o catalisador de avanços monumentais no campo da microbiologia e da bacteriologia, moldando a nossa compreensão da saúde e da doença a um nível fundamental.

Imaginemos por um momento o mundo antes da descoberta do bacilo da tuberculose por Robert Koch em 1882. As doenças infecciosas eram galopantes, muitas vezes não identificadas e mal compreendidas. A placa de Petri permitiu possivelmente a Koch isolar e cultivar este agente patogénico, esclarecendo a sua natureza e abrindo caminho a tratamentos eficazes. Esta descoberta foi uma pedra angular na história da medicina, ilustrando o poder transformador de um simples instrumento de vidro. Um exemplo ainda mais impressionante é o desenvolvimento de vacinas, como a vacina pioneira contra a variola criada por Edward Jenner no século XVIII. Jenner, munido da placa de Petri e do seu engenho, observou que as pessoas expostas ao vírus da varíola bovina não contraíam a varíola humana. Esta descoberta, apoiada pela capacidade de cultivar e estudar microrganismos em placas de Petri, lançou as bases da imunização moderna, salvando inúmeras vidas ao longo da história.

Mas a placa de Petri não tem sido apenas uma arma na luta contra as doenças infecciosas; tem sido também uma ferramenta inestimável na compreensão e controlo das epidemias. Em 1854, John Snow utilizou a observação de microrganismos em placas de Petri para identificar o Vibrio cholerae como o agente causador da cólera, revolucionando a nossa compreensão da forma como as doenças se propagam e lançando as bases para medidas eficazes de controlo e prevenção.A descoberta da penicilina por Alexander Fleming, em 1928, é outro marco que ilustra o potencial da placa de Petri no desenvolvimento de antibióticos. Ao observar casualmente o crescimento de um bolor numa placa, Fleming notou que este bolor tinha propriedades antibacterianas. Esta descoberta, possível graças à observação pormenorizada de microrganismos em placas de Petri, abriu caminho a uma revolução no tratamento de doenças infecciosas e aumentou a esperança de vida em todo o mundo. E assim poderíamos continuar, explorando a forma como a placa de Petri tem sido fundamental na investigação epidemiológica, no estudo da fermentação, na genética bacteriana, no desenvolvimento de técnicas de coloração e na compreensão da resistência bacteriana aos antibióticos. O seu papel na investigação em microbiologia ambiental é também crucial, permitindo a identificação e caraterização de microrganismos presentes em amostras de solo e água, e lançando luz sobre os complexos ecossistemas microbianos que nos rodeiam.

A investigação antiga desenvolveu-se a partir da invenção da placa de Petri:

Aplicação	Descrição
Descoberta de microrganismos patogénicos	A placa de Petri foi fundamental na identificação de microrganismos causadores de doenças, como a descoberta do bacilo da tuberculose por Robert Koch em 1882.
Desenvolvimento de vacinas	A capacidade de cultivar microrganismos em placas de Petri tem facilitou o desenvolvimento de vacinas, como a vacina contra a varíola desenvolvida por Edward Jenner no século XVIII.
Controlo das doenças infecciosas	O estudo de microrganismos em placas de Petri tem sido crucial para o controlo de doenças infecciosas, como a identificação do Vibrio cholerae como agente causador da cólera. em 1854 por John Snow.
Desenvolvimento de antibióticos	A observação de microrganismos em placas de Petri tem levou à descoberta de antibióticos, como a penicilina, por Alexander Fleming, em 1928.
Investigação em epidemiologia	A capacidade de cultivar culturas bacterianas em placas de Petri permitiu estudar a epidemiologia das doenças
	doenças infecciosas, como o surto de cólera em Londres em 1854. investigado por John Snow.
Estudo da fermentação	As placas de Petri têm sido utilizadas para estudar a fermentação, um processo fundamental na produção de alimentos e bebidas, como a fermentação do ácido lático na produção de iogurte.
Investigação em genética bacteriana	A observação de bactérias em placas de Petri foi crucial para o estudo da genética bacteriana, como a transferência de genes entre bactérias estudada por Joshua Lederberg na década de

	1940.
Desenvolvimento de técnicas de coloração	A placa de Petri tem sido utilizada no desenvolvimento de técnicas para coloração bacteriana, tal como a coloração de Gram desenvolvida por Hans Christian Gram em 1884.
Estudo da resistência bacteriana	As placas de Petri têm sido utilizadas para estudar a resistência das bactérias aos antibióticos, como por exemplo a observação de estirpes resistente a Staphylococcus aureus na década de 1940.
Investigação em microbiologia ambiental	A capacidade de cultivar microrganismos em placas de Petri tem sido fundamental para o estudo da microbiologia ambiental, como a identificação

1.3 Contribuições pioneiras de Julius Richard Petri e Robert Koch

A placa de Petri é muito mais do que um simples recipiente de vidro, é uma janela para o mundo invisível dos microrganismos e uma ferramenta que transformou radicalmente a nossa compreensão da saúde e da doença. O seu legado viverá durante gerações, recordando-nos o poder da observação meticulosa, da curiosidade científica e da perseverança na busca do conhecimento. A publicação original de Julius Richard Petri sobre a placa de Petri, intitulada "Eine kleine Modification des Koch'schen Plattenverfahrens" ("Uma pequena modificação do método da placa de Koch"), insere-se num contexto histórico e científico particular. Em 1887, quando Petri publicou o seu artigo, a Alemanha estava a viver um rápido crescimento industrial e uma expansão científica. A nação encontrava-se num período de mudanças significativas, tanto a nível político como cultural. Sob a liderança de Otto von Bismarck, o Império Alemão tinha sido criado recentemente (em 1871) e estava a emergir como uma potência industrial e militar na Europa.

Em 1887, quando Julius Richard Petri publicou o seu artigo sobre a placa de Petri, a Alemanha estava sob a liderança do Kaiser Wilhelm I como Imperador e Otto von Bismarck como Chanceler. Wilhelm I foi o primeiro imperador do Império Alemão e o seu reinado durou até à sua morte, em março de 1888. Após a sua morte, o seu filho, Frederico III, assumiu o trono, mas o seu reinado foi muito breve, pois morreu em junho do mesmo ano. Posteriormente, Guilherme II, filho de Frederico III, tornou-se imperador, continuando com Otto von Bismarck como seu chanceler durante um curto período até 1890, altura em que Bismarck foi deposto.

O clima político na Alemanha da época era de consolidação e fortalecimento do novo império, com ênfase no progresso industrial e científico. A política de Otto von Bismarck, conhecida como "Realpolitik", promoveu um ambiente de estabilidade e pragmatismo, que permitiu um desenvolvimento notável em vários domínios científicos. Este ambiente favoreceu as inovações, uma vez que o apoio estatal e o investimento em infra-estruturas científicas e educativas impulsionaram o avanço da microbiologia e de outras ciências. A estabilidade política e a visão de Bismarck de um Estado forte e moderno contribuíram para a emergência da Alemanha como um dos principais centros de investigação científica durante este período.

Nessa altura, a microbiologia estava em pleno desenvolvimento. Robert Koch, o mentor de Petri, tinha ganho fama pelas suas descobertas sobre doenças infecciosas e pelas suas inovações no laboratório. A publicação de Koch, em 1882, da descoberta do bacilo da tuberculose gerou grande interesse no estudo dos microrganismos e do seu papel na saúde e na doença.

A revista em que Petri publicou o seu artigo, a "Centralblatt für Bakteriologie und Parasitenkunde" (Revista Central de Bacteriologia e Parasitologia), era uma das principais revistas científicas da época, tratando de tópicos relevantes em microbiologia e parasitologia. A inclusão do artigo de Petri nesta revista indicava a sua importância e relevância no seio da comunidade científica da época.

A contribuição de Petri, com a sua invenção da placa de Petri, representou um avanço significativo na microbiologia, fornecendo um instrumento simples e eficaz para a cultura e o estudo de microrganismos. A sua publicação em 1887 marcou o início de uma nova era na investigação microbiológica e lançou as bases para futuros avanços neste domínio.

Esta colaboração entre Petri e Koch foi crucial para o avanço desta jovem ciência - a microbiologia. Juntos, exploraram novas técnicas de cultivo que iriam mudar para sempre a forma como os microrganismos são estudados. Recrie na sua mente o laboratório de Koch no Kaiserliches Gesundheitsamt na Alemanha do século XIX: um ambiente vibrante de descoberta onde mentes brilhantes mergulhavam na procura de soluções inovadoras para os desafios científicos da época.

Petri concebeu a placa de Petri em 1887, quando trabalhava no laboratório de Koch, como uma solução inovadora para o cultivo eficiente de bactérias. A sua conceção simples mas eficaz consistia num recipiente pouco profundo com uma tampa que permitia o crescimento de microrganismos num meio de cultura sólido. Esta invenção facilitou muito o estudo dos microrganismos, proporcionando um ambiente controlado para o seu crescimento e observação.

No meio desta atmosfera de fermentação científica, Petri teve a inspiração para a sua invenção revolucionária. Apercebendo-se das limitações dos métodos de cultura existentes, concebeu uma solução elegante e prática: a placa de Petri.

Embora Koch já tivesse desenvolvido técnicas de cultura de bactérias em meios sólidos antes da invenção da placa de Petri, esta representou uma melhoria significativa em termos de praticidade e eficiência. Koch reconheceu a importância desta inovação e apoiou a ampla divulgação e adoção da placa de Petri na comunidade científica. A relação entre Petri e Koch era profissional e de colaboração, com Petri a trabalhar como assistente de laboratório e a contribuir com ideias criativas que levaram ao desenvolvimento da placa de Petri. Embora não haja provas de conflitos significativos entre eles, a história sugere que Koch por vezes não dava o devido crédito aos seus colaboradores, o que pode ter influenciado a perceção do trabalho de Petri em relação à placa de Petri.

A placa de Petri não só simplificou o processo de cultivo, como também abriu novas portas na investigação microbiológica. Com este instrumento, os cientistas puderam estudar a morfologia, o crescimento e o comportamento de uma vasta gama de microrganismos de uma forma mais pormenorizada e precisa.

A influência da placa de Petri estendeu-se muito para além do laboratório de Koch. Com o tempo, tornou-se uma ferramenta indispensável nos laboratórios de microbiologia de todo o mundo, utilizada para uma variedade de objectivos, desde o diagnóstico de doenças infecciosas à investigação de novos medicamentos e tratamentos. Atualmente, a placa de Petri continua a ser uma parte essencial do arsenal de ferramentas de qualquer microbiologista, uma prova tangível do impacto duradouro da colaboração entre Petri e Koch no mundo da ciência.

A colaboração entre Petri e Koch foi crucial para o avanço da microbiologia. Juntos, exploraram novas técnicas de cultura que iriam mudar para sempre a forma como os microrganismos são estudados. Imagine o laboratório de Koch no Kaiserliches Gesundheitsamt na Alemanha do século XIX, o "Gabinete Imperial de Saúde". Esta instituição foi criada para tratar de questões relacionadas com a saúde pública no império. O seu principal objetivo era supervisionar e promover medidas de saúde pública, incluindo a prevenção de doenças, a higiene e a investigação médica. Um ambiente vibrante de descoberta onde mentes brilhantes se dedicavam à procura de soluções inovadoras para os desafios científicos da época.

Julius Richard Petri (1852-1921) foi um médico militar e bacteriologista alemão cujos contributos revolucionaram o domínio da microbiologia. Nascido em 31 de maio de 1852 em Barmen, Alemanha, Petri recebeu a sua formação médica na

Haiser Wilhelm Akademie für Medizin entre 1871 e 1875, onde desenvolveu um interesse particular pelas ciências médicas e microbiológicas. Posteriormente, trabalhou como médico assistente na Berlin Charité e foi destacado para o Kaiserliches Gesundheitsamt, onde trabalhou com Robert Koch entre 1877 e 1879.

Durante o seu tempo no Kaiserliches Gesundheitsamt, Petri esteve envolvido na renovação do desenvolvimento de técnicas microbiológicas. Introduziu inovações como a conceção de novos recipientes e contentores para a recolha de amostras, bem como a utilização de filtros de areia. No entanto, a sua contribuição mais notável foi a criação da placa de Petri, um instrumento essencial para a cultura de microrganismos. A placa de Petri não só simplificou o processo de cultivo, como também abriu novas portas na investigação microbiológica. Com este instrumento, os cientistas puderam estudar a morfologia, o crescimento e o comportamento de uma vasta gama de microrganismos de uma forma mais pormenorizada e precisa. Pense na placa de Petri como um jardim em miniatura para bactérias e fungos, onde os cientistas podem cultivar e observar estes pequenos seres vivos. Petri concebeu este instrumento como forma de proporcionar aos microbiologistas um ambiente controlado onde os microrganismos pudessem crescer e multiplicar-se num meio de cultura sólido. Esta inovação não só simplificou o processo de cultivo, como também permitiu que os microrganismos fossem estudados com mais pormenor.

Para além do seu trabalho em microbiologia, Petri foi também conservador do Museu de Higiene de Berlim e ocupou vários cargos no domínio da saúde pública e da higiene. Reformou-se como Geheimer Regierungsrat em 1900 e morreu em Zeitz, na Alemanha, a 20 de dezembro de 1921.

Ao longo da sua carreira, Petri publicou numerosos artigos sobre microbiologia, higiene e técnicas laboratoriais, incluindo o seu famoso artigo "Eine kleine Modifikation der Koch'schen Plattenverfahrens" (Uma pequena modificação do método da placa de Koch), onde apresentou a sua invenção ao mundo científico. A influência da placa de Petri estendeu-se muito para além do laboratório de Koch. Com o tempo, tornou-se uma ferramenta indispensável nos laboratórios de microbiologia de todo o mundo, utilizada para uma variedade de objectivos, desde o diagnóstico de doenças infecciosas à investigação de novos medicamentos e tratamentos. Atualmente, a placa de Petri continua a ser uma parte essencial do arsenal de ferramentas de qualquer microbiologista, uma prova tangível do impacto duradouro da colaboração entre Petri e Koch no mundo da ciência.

1.4 Desenvolvimento e evolução da técnica de cultura em placa de Petri Placas de Petri

A placa de Petri proporcionou um espaço para o crescimento e desenvolvimento de microrganismos nos primórdios da investigação sobre microrganismos, mas com ela foram também desenvolvidas várias técnicas, incluindo, em princípio, meios de cultura.

Estes, por sua vez, são fundamentais para a microbiologia, uma vez que fornecem aos microrganismos os nutrientes necessários para o seu crescimento e desenvolvimento. Para compreender a sua importância, imaginemos um jardim: tal como as plantas necessitam de um solo fértil, de água e de nutrientes para crescer, os microrganismos necessitam de um meio adequado que lhes forneça os nutrientes de que necessitam para crescer. fornece carbono, oxigénio, azoto, fósforo, enxofre e outros elementos essenciais.

De facto, classificamo-los em dois grandes grupos os Macronutrientes que são em geral, o acrónimo "CHONPSK", que é utilizado como uma regra mnemónica muito útil para recordar os elementos químicos mais comuns presentes nos meios de cultura. Cada letra representa um dos elementos essenciais:

C: Carbono H: Hidrogénio O: Oxigénio N: Nitrogénio P: Fósforo

S: Enxofre K: Potássio

Os microrganismos são organismos vivos que necessitam de uma combinação específica de nutrientes para crescerem e se reproduzirem. Estes nutrientes fornecem energia e elementos químicos essenciais para a síntese das moléculas celulares. Ao analisarmos a composição das células, verificamos que os principais componentes são o carbono, o oxigénio, o azoto, o fósforo e o enxofre. Para melhor compreender a importância destes elementos, consideremos as suas proporções nas células. O carbono, por exemplo, representa cerca de 50% do peso seco das células. É o principal componente das moléculas orgânicas, incluindo os hidratos de carbono, os lípidos, as proteínas e os ácidos nucleicos. O oxigénio representa cerca de 32% do peso seco e é essencial para a respiração celular e outras reacções metabólicas.

O azoto constitui aproximadamente 14% do peso seco e é um componente essencial dos aminoácidos, dos ácidos nucleicos e de outras moléculas celulares. O fósforo, presente em cerca de 3%, é necessário para a síntese de ATP, ácidos nucleicos e fosfolípidos. O enxofre, embora se encontre em proporções muito menores (cerca de 1%), é essencial para a estrutura de alguns aminoácidos e vitaminas.

Ao conceber meios de cultura para microrganismos, temos de fornecer estes elementos em formas assimiláveis. Por exemplo, os heterótrofos necessitam de carbono sob a forma de compostos orgânicos, tais como hidratos de carbono e proteínas, enquanto os autótrofos podem utilizar dióxido de carbono. O azoto pode ser fornecido sob a forma de amónio (NH_4), nitrato ($NO_3 -$) ou nitrito ($NO_2 -$), ou através de aminoácidos. O fósforo é adicionado sob a forma de fosfato (PO_4^{3-}) e o enxofre pode provir de aminoácidos sulfurados ou de sulfato (SO_4^{2-}). Em certos casos, é necessário adicionar aminoácidos ou vitaminas suplementares ao meio de cultura para satisfazer as necessidades específicas de certos microrganismos que não podem sintetizar estes compostos por si próprios. Desta forma, garante-se que os microrganismos têm acesso a todos os nutrientes necessários para um crescimento ótimo.

Estes elementos são essenciais para o crescimento e a reprodução dos microrganismos. Por exemplo, o carbono e o hidrogénio são os blocos de construção das moléculas orgânicas, como os hidratos de carbono, os lípidos e as proteínas. O oxigénio é essencial para a respiração celular e a produção de energia. O azoto encontra-se nos aminoácidos, nos ácidos nucleicos e noutras moléculas importantes para a estrutura e o funcionamento das células. O fósforo e o enxofre são necessários para a síntese de moléculas como o ATP e os aminoácidos sulfurados. Os microelementos, também conhecidos como oligoelementos, são elementos químicos essenciais para o crescimento dos microrganismos, embora só sejam necessários em quantidades muito pequenas. Estes elementos são vitais para várias funções celulares e processos metabólicos:

Ferro (Fe): Essencial para a síntese de proteínas e a respiração celular em muitos microrganismos. A falta de ferro pode limitar o crescimento bacteriano.

Magnésio (Mg): Importante para a estabilidade das membranas celulares e para a função de numerosas enzimas.

Zinco (Zn): Necessário para a atividade enzimática e a síntese de proteínas. Manganês (Mn): envolvido em reacções enzimáticas e necessário para a síntese de ácidos nucleicos.

Cobre (Cu): Importante para a síntese de pigmentos e enzimas respiratórias.

Molibdénio (Mo): Necessário para a fixação de azoto em certas bactérias.

Cobalto (Co): Essencial para a síntese de vitamina B12 nas bactérias.

Níquel (Ni): Presente em certas enzimas importantes para a fixação de azoto.

Exemplo de elementos necessários para fazer crescer microrganismos em meios de cultura:

Micro-organismo	Meio de cultura	Microelemento presente no meio de cultura
Escherichia coli	EMB (azul de eosina e metileno)	Contém lactose e sais biliares que inibem a crescimento de bactérias gram-positivas, permitindo o crescimento de E. coli.
Clostridium perfringens	TSC (Sulfito-Citrato-Tioglicolato)	Contém sulfato e citrato, que actuam como agentes selectivos que inibem o crescimento de outros microrganismos. Permite o crescimento de C. perfringens.
Mycobacterium tuberculosis	Löwenstein-Jensen	Contém verde de malaquite e sais nutrientes que promovem o crescimento seletivo de M. tuberculosis e inibem o crescimento de outros M. tuberculosis. microrganismos.
Staphylococcus aureus	Ágar de sal de manitol (MSA)	Elevada concentração de sal, inibindo o crescimento da maioria dos microrganismos, exceto S. aureus.
Salmonela	XLD (Xilose-Lisina-Deoxicolato)	Contém xilose, lisina e desoxicolato, que ajudam a diferenciar as diferentes espécies de Salmonella e a suprimir o crescimento de outras bactérias. coliformes.
Candida albicans	Ágar Sabouraud Dextrose (SDA)	Contém dextrose e peptona, fornecendo os nutrientes necessários para o crescimento de C. albicans, inibindo simultaneamente o crescimento de bactérias.
Pseudomonas aeruginosa	Meia-citrimida	Contém cetrimida, um agente seletivo que inibe o crescimento de outras bactérias gram-positivas, permitindo o crescimento de P. aeruginosa.

Bacillus cereus	MYP (polimixina de gema de manitol)	Contém polimixina, que inibe o crescimento de bactérias gram-negativas e permitindo o crescimento seletivo de B. cereus.
Vibrio cholerae	TCBS (Tiossulfato-Citrato-Bílis-Sacarose)	Contém sacarose e sais biliares, o que permite crescimento seletivo de V. cholerae, inibindo simultaneamente o crescimento de outros microrganismos.
	PALCAM (Polimixina-	Contém uma combinação de antibióticos e
Listeria	Acriflavina-Lítio	selectiva, permitindo o crescimento seletivo de L.
monocytogenes	Ceftazidima-Aesculina-	monocytogenes, inibindo simultaneamente o crescimento de
	Manitol)	outros microrganismos.

Estes microelementos são necessários em quantidades muito pequenas em comparação com os macronutrientes, como o carbono, o azoto e o fósforo, mas são igualmente essenciais para o crescimento e a sobrevivência dos microrganismos. Nos meios de cultura, estes elementos são fornecidos sob a forma de sais inorgânicos ou como componentes de outros compostos químicos necessários para o crescimento celular. Sem estes microelementos, os microrganismos podem apresentar deficiências que afectam a sua capacidade de proliferação e de realização de funções metabólicas essenciais. Inicialmente, os meios utilizados para as culturas de microrganismos eram líquidos, depois rodelas de batata, em seguida gelatina e, finalmente, ágar. Atualmente, os meios de cultura são solidificados com ágar-ágar, uma substância gelatinosa derivada de algas marinhas, que proporciona uma superfície para o crescimento de colónias de bactérias.

Lista de empresas produtoras de ágar microbiológico de interesse para meios de cultura em placas de Petri:

Empresa	País	Produto	Código do Produto
Becton, Dickinson e Empresa	Estados Unidos	Ágar Difco	214530
Thermo Fisher Scientific	Estados Unidos	Ágar Oxoid™	BR0016B
Merck	Alemanha	Ágar Merck	1.01688.0 500
Laboratórios Bio-Rad	Estados Unidos	Agar Bio-Rad	1660102
Neogen Corporation	Estados Unidos	Ágar Neogénico	7137
VWR Internacional	Estados Unidos	Ágar VWR	90001-810
Quelab	Canadá	Ágar Quelab	QAA100
Carl Roth GmbH + Co. KG	Alemanha	Carl Roth Agar	6774.1
Diagnóstico Hardy	Estados Unidos	Ágar Hardy Diagnostics	G40
Sigma-Aldrich, atualmente parte da da Merck	Estados Unidos	Agar Sigma-Aldrich	5039
Shanghai Yuanye Bio-Technology Co., Ltd.	China	Ágar Yuanye	-
Qingdao Hope Bio-Technology Co., Ltd.	China	Esperança Agar	-
Biokar Diagnósticos	França	Ágar Biokar	-
Tianjin New Sun Biochem Co., Ltd.	China	Ágar Novo Sol	-
BioMaxima S.A.	Polónia	Ágar BioMaxima	-
Guangdong Huankai Microbial Sci. & Tech. Co., Ltd.	China	Ágar Huankai	-
AES	França	Ágar	-

CHEMUNEX		CHEMUNEX	
Biomassa	França	Ágar Biométrico	-
Hangzhou Uniwise International Co., Ltd.	China	Ágar Uniwise	-
Guangdong Huankai Microbial Sci. & Tech. Co., Ltd.	China	Ágar Huankai	-

Imagine o ágar como o andaime de um edifício, fornecendo uma estrutura sólida sobre a qual os microrganismos podem construir as suas comunidades. Tal como a gelatina solidifica uma sobremesa, o ágar nos meios de cultura fornece uma base firme para as colónias bacterianas crescerem e se desenvolverem. Este processo de solidificação do meio de cultura com ágar foi desenvolvido por Fanny Hesse, mulher de Walther Hesse, em colaboração com o famoso microbiologista Robert Koch, no final do século XIX. Hesse sugeriu a utilização de ágar, uma substância semelhante a um gel derivada de algas marinhas, como alternativa ao gel de gelatina anteriormente utilizado nos meios de cultura. Esta inovação foi revolucionária, pois permitiu um melhor crescimento e observação dos microrganismos nos laboratórios. O ágar actua como uma espécie de andaime molecular, proporcionando uma estrutura tridimensional na qual os microrganismos se podem fixar e proliferar. Esta substância é ideal para a cultura de bactérias e fungos devido à sua capacidade de solidificação à temperatura ambiente e à sua resistência à degradação por enzimas microbianas.

A força do ágar no meio de cultura permite aos cientistas observar claramente as colónias de bactérias e realizar vários testes e análises. microbiológicas. Além disso, a sua natureza inerte e a sua capacidade de reter a humidade tornam-no o material ideal para a cultura de uma grande variedade de microrganismos em condições laboratoriais.

Assim, o ágar nos meios de cultura funciona como a base sobre a qual se constrói a compreensão científica dos microrganismos. A sua capacidade de solidificação proporciona uma plataforma estável para o crescimento bacteriano, permitindo aos investigadores explorar e descobrir o fascinante mundo da microbiologia.

Quando alguns microrganismos têm necessidades específicas, como a adição de certos aminoácidos ou vitaminas, os cientistas calculam cuidadosamente as quantidades para manter o equilíbrio geral do meio de cultura.

Os aminoácidos são componentes fundamentais das proteínas, que, por sua vez, desempenham um papel crucial na estrutura e função das células microbianas. A inclusão de aminoácidos nos meios de cultura é vital para fornecer aos microrganismos as matérias-primas necessárias para sintetizar proteínas e efetuar uma variedade de processos metabólicos essenciais para o seu crescimento e sobrevivência. Eis algumas razões pelas quais os aminoácidos são importantes para alguns microrganismos nos meios de cultura:

Síntese de proteínas: Os aminoácidos são os blocos básicos de construção das proteínas. Cada microrganismo necessita de uma variedade de proteínas para funções vitais como o metabolismo, a replicação do ADN, a síntese de ARN, o transporte de nutrientes e a defesa contra o stress ambiental. Sem aminoácidos adequados no meio de cultura, os microrganismos não conseguem sintetizar estas proteínas essenciais, limitando a sua capacidade de crescimento e sobrevivência.

Crescimento celular: Os aminoácidos são necessários para o crescimento e a proliferação celular. Actuam como substratos para a síntese de novas proteínas e ácidos nucleicos, que são cruciais para a divisão celular e expansão da população microbiana: Alguns aminoácidos têm papéis específicos na adaptação dos microrganismos ao seu ambiente. Por exemplo, a cisteína e a metionina são fontes de enxofre que podem ser importantes para a resistência ao stress oxidativo e para a formação de ligações dissulfureto nas proteínas estruturais. Outros aminoácidos, como a prolina, podem atuar como osmólitos e proteger as células contra a dessecação e outras formas de stress osmótico.

Interacções microbianas: Em alguns casos, os aminoácidos podem afetar as interacções entre microrganismos num determinado ambiente. Por exemplo, a disponibilidade de certos aminoácidos pode influenciar a competição entre diferentes espécies pelos recursos do ambiente, o que pode ter consequências importantes para a estrutura e a dinâmica das comunidades microbianas.

Tabela de alguns aminoácidos específicos necessários para o crescimento dos microrganismos:

Micro-organismo	Aminoácido necessário	Papel no meio de cultura
Clostridium spp.	Cisteína	Fonte de enxofre para a síntese proteica e coenzimas
Bacillus spp.	Prolina	Precursor da síntese proteica e agente osmoprotector
Lactobacillus spp.	Prolina	Precursor da síntese proteica e agente osmoprotector
Streptococcus spp.	Arginina	Produção de energia e precursor para a síntese de energia poliaminas
Lactobacillus spp.	Glicina	Precursor da síntese proteica e agente osmoprotector
Escherichia coli	Tirosina	Fonte de carbono e azoto, e precursor do síntese proteica
Pseudomonas aeruginosa	Tirosina	Fonte de carbono e azoto, e precursor do síntese proteica
Salmonella spp.	Metionina	Fonte de enxofre para a síntese de cisteína e outros biomoléculas

Proteus spp.	Metionina	Fonte de enxofre para a síntese de cisteína e outros biomoléculas
Haemophilus influenzae	Histidina	Necessário para o crescimento de estirpes que não são capazes de sintetizá-lo
Bordetella pertussis	Histidina	Necessário para o crescimento de estirpes que não são capazes de sintetizá-lo
Clostridium spp.	Triptofano	Precursor da síntese de proteínas e metabolitos secundário
Staphylococcus spp.	Triptofano	Precursor da síntese de proteínas e metabolitos secundário

Os microrganismos exigentes são aqueles que têm necessidades específicas para o crescimento e sobrevivência nos meios de cultura. Entre estas necessidades encontram-se os aminoácidos, componentes essenciais para a síntese de proteínas e outros processos celulares vitais. Estes microrganismos, como a Corynebacterium diphtheriae, a Neisseria gonorrhoeae, a Yersinia enterocolitica, a Neisseria meningitidis e a Listeria monocytogenes, necessitam de aminoácidos como a metionina, a lisina, a valina, a arginina e a tirosina, respetivamente, para o seu desenvolvimento adequado no laboratório. A inclusão destes aminoácidos em meios de cultura específicos permite o crescimento seletivo e a subsequente identificação destes agentes patogénicos, o que é essencial no estudo e diagnóstico de doenças infecciosas.

Tabela de Alguns microrganismos que necessitam de aminoácidos específicos para microrganismos exigentes:

Aminoácido	Nome do meio de cultura	Microorganismo	Explicação
Metionina	Löffler médio	Corynebacterium diphtheriae	A Corynebacterium diphtheriae, o agente causador da difteria, necessita de metionina para a síntese de proteínas. O meio de Löffler, que contém metionina, é utilizado para a cultura selectiva.
Lisina	Meio Mueller-Hinton	Neisseria gonorrhoeae	A Neisseria gonorrhoeae, o agente causador da gonorreia, necessita de lisina para o seu crescimento. O meio Mueller-Hinton, que contém lisina, é utilizado para o seu crescimento. isolamento e cultivo.
Valina	Cefsulodina - Irgasan - Novobiocina (CIN) médio	Yersinia enterocolitica	A Yersinia enterocolitica, uma bactéria patogénica associada a infecções intestinais, necessita de valina para o seu crescimento. O meio CIN, que contém valina, é utilizado para o seu cultivo e isolamento seletivo.
Arginina	Meio Thayer-Martin	Neisseria meningitidis	A Neisseria meningitidis, um importante agente patogénico que causa meningite e septicemia, necessita de arginina para o seu metabolismo. O meio de Thayer-Martin, que contém arginina, é utilizado para o seu metabolismo. isolamento e cultivo seletivo.

Tirosina	Meio de agar seletivo para Listeria	Listeria monocytogenes	A Listeria monocytogenes, um agente patogénico de origem alimentar, necessita de tirosina para crescer. O meio Listeria Selective Agar, que contém tirosina, é utilizado para cultura selectiva e deteção em amostras. géneros alimentícios.

As vitaminas são compostos orgânicos essenciais que desempenham um papel fundamental no metabolismo e no crescimento celular dos microrganismos. Embora os microrganismos tenham a capacidade de sintetizar muitas vitaminas por si próprios, alguns não conseguem produzir certas vitaminas ou sintetizam-nas em quantidades insuficientes para satisfazer as suas necessidades nutricionais. Por conseguinte, estas vitaminas devem ser fornecidas nos meios de cultura para garantir o crescimento ótimo dos microrganismos. Eis algumas vitaminas comuns necessárias nos meios de cultura microbiológicos:Biotina (Vitamina B7): A biotina é essencial para a síntese de ácidos gordos e para o metabolismo de hidratos de carbono e proteínas. É necessária para a síntese de coenzimas envolvidas em numerosas reacções metabólicas. Muitos microrganismos necessitam de biotina nos seus meios de cultura, uma vez que não a conseguem sintetizar em quantidades suficientes.

Ácido pantoténico (vitamina B5): O ácido pantoténico é um componente crucial da coenzima A, que desempenha um papel fundamental no metabolismo dos lípidos, dos hidratos de carbono e das proteínas. É necessário para a síntese dos ácidos gordos e para a transferência de grupos acilo em numerosas reacções bioquímicas. Niacina (Vitamina B3): A niacina é importante para o metabolismo energético e para a síntese de NAD e NADP, coenzimas envolvidas na transferência de electrões em reacções redox. É essencial para muitas vias metabólicas, incluindo a glicólise e a respiração celular.Riboflavina (Vitamina B2): A riboflavina é um componente das coenzimas FMN (flavina mononucleótido) e FAD (flavina dinucleótido), que estão envolvidas no transporte de electrões e na produção de energia na cadeia respiratória e na cadeia de transporte de electrões. Tiamina (Vitamina B1): A tiamina é necessária para a síntese de coenzimas envolvidas no metabolismo dos hidratos de carbono, especialmente na descarboxilação oxidativa do piruvato no ciclo de Krebs.

Ácido fólico (vitamina B9): O ácido fólico é essencial para a síntese de ácidos nucleicos (ADN e ARN) e é crucial para o crescimento e divisão celular.

Vitamina B12 (Cobalamina): A vitamina B12 é necessária para o metabolismo dos aminoácidos e dos ácidos nucleicos. É essencial para o crescimento celular e a síntese de ácidos nucleicos.

Vitamina K: A vitamina K é importante para a síntese das proteínas envolvidas na coagulação do sangue e para a ativação de certas proteínas envolvidas no metabolismo dos microrganismos.

A inclusão destas vitaminas em meios de cultura microbiológicos assegura que os microrganismos têm acesso aos cofactores necessários para um crescimento e metabolismo adequados. Isto é especialmente importante em ambientes laboratoriais onde os microrganismos podem ser limitados em termos de fontes de nutrientes.

Tabela de alguns meios aos quais se adiciona Vitamina para o crescimento de microrganismos exigentes:

Meios de Cultivo	Vitamina	Microorganismo	Razão da necessidade
Ágar sangue	NAD	Haemophilus influenzae	O Haemophilus influenzae necessita de NAD para o seu crescimento, uma vez que não consegue sintetizar esta vitamina por si só. A NAD é importante para muitas reacções metabólicas no microrganismo.
Meio tetratiónico	Ácido fólico	Streptococcus pneumoniae	O Streptococcus pneumoniae necessita de ácido fólico para a síntese de ADN e ARN. O meio tetratiónico fornece ácido fólico para a crescimento desta bactéria.
Meia Tinsdale	Vitamina B12	Corynebacterium diphtheriae	A Corynebacterium diphtheriae necessita de vitamina B12 para o seu metabolismo. O meio Tinsdale fornece esta vitamina para permitir que a crescimento seletivo desta bactéria.
Meio Löwenstein-Jensen	Biotina	Mycobacterium tuberculosis	A Mycobacterium tuberculosis necessita de biotina para o seu crescimento e metabolismo. O meio de Löwenstein-Jensen contém biotina para apoiar o crescimento desta bactéria.
Ágar Sabouraud	Tiamina	Candida albicans	A Candida albicans necessita de tiamina para o seu metabolismo energético. O ágar Sabouraud enriquecido com tiamina fornece as condições adequadas para o crescimento do fungo Candida albicans.

No vasto mundo da microbiologia, onde a vida se desenrola em escalas minúsculas e os mistérios da existência são revelados através do microscópio, os meios de cultura são ferramentas essenciais que nos permitem explorar e compreender os segredos dos microrganismos. Mas que tipo de tinta utilizam e como é que isso afecta o seu trabalho? Vamos analisar duas categorias de meios de cultura: definidos e complexos.Meios definidos ou simples são meios em que todos os elementos constituintes são conhecidos tanto em quantidade como em qualidade, ou seja, todos os componentes são conhecidos um a um e também as quantidades são medidas em unidades padrão, quer em gramas, miligramas ou qualquer outra unidade de interesse. Num meio deste tipo, é possível identificar todos os componentes nos rótulos sem formas ambíguas e com a fórmula de cada componente. Cada componente, desde a glucose aos aminoácidos e às vitaminas, é doseado com precisão cirúrgica. É como seguir uma receita com meticulosidade científica. Porquê tanta precisão? Porque na ciência, o controlo é a pedra angular. Imagine que está a preparar uma experiência para estudar como certas bactérias crescem em diferentes condições. Se quiser garantir que os resultados são consistentes e reproduzíveis, tem de se certificar de que cada célula bacteriana tem acesso aos mesmos nutrientes em cada repetição da experiência. Pense num jardineiro meticuloso que mede com precisão a quantidade exacta de água e fertilizante para cada planta. Isto assegura que cada uma tem a mesma hipótese de crescer e florescer. Do mesmo modo, no mundo da microbiologia, os meios de cultura definidos actuam como nutrição controlada para os microrganismos, permitindo aos cientistas estudar o seu comportamento com confiança.

Exemplos:

Glicose: como fonte de energia para os micróbios, é como dar-lhes doces para trabalhar.

Sais minerais: são como blocos de construção essenciais para as células microbianas, fornecendo os elementos necessários para o seu crescimento e funcionamento.

Aminoácidos e vitaminas: são como vitaminas e suplementos nutricionais para os microrganismos, garantindo que têm tudo o que precisam para se desenvolverem.

Meios Complexos ou Indefinidos Estes meios contêm vários elementos dos quais se desconhece a fórmula exacta e a quantidade, pois podem ser de componentes tão complexos que são indefinidos por natureza, por exemplo, num meio com extrato de carne, será possível conhecer todos os componentes da carne? Como esta complexidade é enorme, então é indefinida e os meios, embora se saiba que são úteis para o crescimento de microrganismos, passam para um nível em que alguns componentes são indefinidos.

Vejamos uma forma de explicar o que precede. Agora, vamos mudar o foco para meios de cultivo complexos. Imagine uma receita antiga passada de geração em geração, onde os ingredientes secretos são guardados ciosamente por cada cozinheiro. Estes meios são compostos por uma mistura de extractos de materiais complexos, como o extrato de levedura ou o extrato de carne. O que é interessante aqui é o facto de não conhecermos todos os componentes em jogo. É como entrar numa floresta misteriosa onde criaturas desconhecidas espreitam em cada sombra. Bem, na natureza, a vida é complexa e diversificada. Alguns microrganismos são tão exigentes que precisam de uma grande variedade de nutrientes para se desenvolverem, e é aqui que entram em jogo os meios complexos. É como oferecer um buffet variado em vez de um prato único. Isto assegura que os microrganismos têm acesso a uma gama de nutrientes, que podem ser cruciais para o seu crescimento e desenvolvimento.

Exemplos:
Levedura ou extrato de carne: fornecem uma variedade de nutrientes, tais como hidratos de carbono, proteínas, vitaminas e minerais, criando um ambiente rico e complexo para os

Peptona: um derivado de proteínas hidrolisadas, que fornece uma fonte de aminoácidos e péptidos, essenciais para o crescimento celular.
Extrato de soja ou de malte: acrescenta uma variedade de nutrientes adicionais, alargando ainda mais o espetro de substâncias disponíveis para os microrganismos.

A escolha entre meios de cultura definidos e complexos é como decidir entre uma receita exacta e conhecida e uma receita secreta e complexa transmitida através de gerações. Ambas têm as suas próprias vantagens e aplicações, dependendo das necessidades da experiência e das características dos microrganismos em estudo. O que é claro, no entanto, é que quer estejamos a explorar a precisão do laboratório ou a complexidade do ecossistema, os meios de cultura são as ferramentas fundamentais que nos permitem desvendar os mistérios do mundo microbiano.

Preparar meios de cultura para placas de Petri é como embarcar numa viagem culinária histórica, onde cada passo é crucial para cultivar e observar microrganismos no laboratório. Seguindo uma receita meticulosa, cada ingrediente é adicionado na quantidade exacta, evocando o espírito dos antigos alquimistas que procuravam a fórmula perfeita para transformar materiais simples em algo extraordinário.

Tal como numa viagem gastronómica, existem dois tipos principais de meios de cultura: os definidos e os complexos. Os primeiros, tal como as receitas antigas transmitidas de geração em geração, têm uma composição química exacta e conhecida. Por seu lado, os meios complexos são como as misturas exóticas de ingredientes de um chefe de renome, com extractos de materiais complexos que produzem uma gama de nutrientes e sabores. Os meios sólidos são como os alicerces de uma fortaleza antiga, solidificados com ágar, uma substância gelatinosa derivada de algas marinhas. Este ágar, tal como a pasta de cimento nas mãos de um pedreiro, fornece uma base firme sobre a qual os microrganismos podem construir as suas colónias, assegurando o seu crescimento e desenvolvimento. A ideia de utilizar o ágar em meios de cultura surgiu num momento histórico, quando Fanny Hesse, talvez inspirada pelos antigos alquimistas, colaborou com o famoso microbiologista Robert Koch para desenvolver uma inovação revolucionária. A sua proposta de utilizar o ágar como alternativa ao gel de gelatina anteriormente utilizado abriu novas portas na ciência da microbiologia, permitindo um melhor estudo e observação dos microrganismos nos laboratórios. O ágar torna-se, então, o herói desta história, actuando como um suporte molecular que apoia e nutre os microrganismos na sua jornada de crescimento e descoberta. A sua capacidade de solidificar à temperatura ambiente e de resistir à degradação por enzimas microbianas torna-o um aliado inestimável na exploração do mundo invisível que habita as nossas placas de Petri.

A robustez do ágar no meio de cultura permite aos cientistas observar claramente as colónias de bactérias e realizar vários testes e análises microbiológicas. Além disso, a sua natureza inerte e a sua capacidade de reter o teor de humidade tornam-no o material ideal para o cultivo de uma grande variedade de microrganismos em condições laboratoriais.

É assim que o ágar nos meios de cultura funciona como a base sobre a qual se constrói a compreensão científica dos microrganismos. A sua capacidade de solidificação proporciona uma plataforma estável para o crescimento bacteriano, permitindo aos investigadores explorar e descobrir o fascinante mundo da microbiologia.

Em função da sua função, os meios de cultura podem ser classificados como meios gerais, selectivos, diferenciais ou de enriquecimento. Os meios gerais fornecem os nutrientes básicos para o crescimento de uma grande variedade de microrganismos. Os meios selectivos, por outro lado, favorecem o crescimento de certos microrganismos enquanto inibem o crescimento de outros. Imagine um concurso em que apenas alguns participantes podem avançar. Os meios diferenciais permitem identificar diferentes tipos de microrganismos com base em características específicas, como a capacidade de fermentar determinados açúcares ou de produzir determinados pigmentos. Finalmente, os meios de enriquecimento são concebidos para isolar um tipo particular de microrganismo de uma mistura complexa, proporcionando condições óptimas para o seu crescimento e limitando o crescimento de outros. Um exemplo comum de um meio de cultura seletivo é o ágar MacConkey, que contém violeta de cristal e sais biliares para inibir o crescimento de bactérias gram-positivas e promover o crescimento de bactérias gram-negativas, como a Escherichia coli. Na placa de Petri, os meios de cultura podem variar consoante o tipo de microrganismo que está a ser cultivado e o objetivo da experiência. Segue-se uma descrição de alguns tipos comuns de meios de cultura utilizados nas placas de Petri:

Meio de cultura geral: Consiste numa mistura de extrato de carne, extrato de levedura, peptona e ágar. Fornece os nutrientes necessários para o crescimento de uma grande variedade de microrganismos e é normalmente utilizado para fins gerais, como a observação da morfologia das colónias bacterianas.

Meio de cultura seletivo: Este tipo de meio de cultura é concebido para favorecer o crescimento de determinados microrganismos e inibir o crescimento de outros. Por exemplo, o ágar MacConkey é utilizado para isolar e distinguir bactérias entéricas gram-negativas, como a Escherichia coli, ao mesmo tempo que inibe o crescimento de bactérias gram-positivas. Isto é conseguido através da adição de violeta de cristal e sais biliares ao meio. Meio de cultura diferencial: Semelhante ao ágar seletivo, o ágar diferencial permite distinguir entre diferentes tipos de microrganismos de acordo com características específicas. Por exemplo, o ágar sangue é utilizado para identificar as bactérias hemolíticas (que destroem os glóbulos vermelhos) e as que não o são. As colónias hemolíticas produzem áreas de hemólise à sua volta, tornando-as facilmente identificáveis.

Meio de cultura enriquecido: Este tipo de meio de cultura é enriquecido com nutrientes adicionais para apoiar o crescimento de microrganismos exigentes ou fastidiosos. Por exemplo, o ágar sangue enriquecido é utilizado para a cultura de microrganismos que requerem nutrientes adicionais, como algumas espécies de Streptococcus.

Meios de cultura diferenciais e selectivos: Alguns meios de cultura combinam características de seletividade e diferenciação. Por exemplo, o ágar EMB (eosina azul de metileno) é utilizado para o isolamento seletivo de bactérias entéricas gram-negativas e para a diferenciação de bactérias que fermentam a lactose. Meio de cultura cromogénico: Este tipo de meio de cultura contém substratos cromogénicos que permitem a deteção visual de microrganismos específicos. Por exemplo, o ágar CHROMagar™ é utilizado para a identificação rápida e diferencial de espécies bacterianas, como Escherichia coli, Salmonella spp. e Enterococcus spp. através da produção de colónias de cores diferentes. Meio de cultura anaeróbio: Algumas placas de Petri são concebidas para cultivar microrganismos que crescem melhor na ausência de oxigénio. Estas placas podem conter um agente redutor, como o tioglicolato, que remove o oxigénio do meio e cria um ambiente anaeróbio.

Meio de cultura para transporte: Utilizado para manter a viabilidade dos microrganismos durante o transporte do local de amostragem para o laboratório. Este tipo de ágar contém geralmente ingredientes que impedem o crescimento excessivo de microrganismos durante o transporte.

Meio de cultura de identificação: Este tipo de meio de cultura é utilizado para identificar microrganismos desconhecidos através de testes bioquímicos ou serológicos. Pode conter substratos e reagentes específicos para detetar actividades enzimáticas ou reacções metabólicas características de determinados microrganismos.

Meio de cultura antifúngico: Utilizado para a cultura selectiva de bactérias através da inibição do crescimento de fungos e leveduras. Este ágar pode conter agentes antifúngicos, como o cloranfenicol ou a ciclo-heximida, que suprimem o crescimento de microrganismos indesejáveis.

Estes são apenas alguns exemplos dos tipos de meios de cultura utilizados nas placas de Petri. Cada tipo de meio tem a sua própria composição e finalidade específicas, o que permite aos microbiologistas selecionar o meio mais adequado para as suas experiências, de acordo com o microrganismo que pretende cultivar e os objectivos da sua investigação.

Os meios de cultura são como o solo fértil em que as plantas crescem, fornecendo aos microrganismos os nutrientes necessários para o seu desenvolvimento. A sua diversidade e adaptabilidade tornam-nos ferramentas essenciais na investigação microbiológica, permitindo-nos estudar e compreender melhor o mundo invisível que nos rodeia.

Costumo explicar aos meus alunos que quando cultivamos uma placa de Petri devemos ter em atenção os tempos de incubação pois os microrganismos são como convidados num banquete onde existe um festim de comida onde os microrganismos são alimentados no caso das bactérias se passarem 24h para ver o seu crescimento este é o tempo certo para os microrganismos crescerem e verem as suas características culturais na placa de Petri e é nessa altura que é possível identificá-los com exatidão, No entanto, um descuido em deixar passar mais um dia ou mais, vai pôr em causa a possibilidade de estes microrganismos acabarem com a festa e alimentarem-se de tal forma que crescem em proporções de $2n$ crescendo e de tal forma que enchem a placa e não é possível identificá-los com exatidão ou pelo menos reconhecer as suas características culturais devido ao excesso de crescimento ou porque a sua quantidade é tal que são incontáveis, claro que um olho treinado pode eventualmente reconhecer muitas destas características mas para fins de formação didática, ensino e verificação científica é muito difícil identificá-los com exatidão ou pelo menos reconhecer as suas características culturais. É importante tomar as precauções necessárias para observar corretamente os microrganismos. E enquanto as bactérias crescem em cerca de 24 horas, os fungos podem ser visualizados num período de 3 a 5 dias onde é possível identificar as suas características culturais. Tudo isto leva-nos a reconhecer como estes microrganismos absorvem uma grande quantidade de nutrientes, de tal forma que a população aumenta em função da quantidade de nutrientes presentes.

1.5 Impacto na compreensão da microbiologia antiga

A invenção e utilização da placa de Petri teve um impacto revolucionário na compreensão e desenvolvimento da microbiologia. Para apreciar plenamente o seu significado, imagine um mundo antes da sua existência. Os cientistas enfrentavam o desafio de estudar os microrganismos, criaturas invisíveis a olho nu que, no entanto, podiam causar doenças devastadoras e transformar os ecossistemas. Sem um instrumento adequado para isolar e observar estes microrganismos, os seus estudos eram como tentar compreender a natureza dos peixes observando um lago lamacento. A placa de Petri, inventada por Julius Richard Petri em 1887, mudou radicalmente esta situação. Petri, este bacteriologista alemão que trabalhou como assistente de Robert Koch, um dos pais da microbiologia, introduziu este recipiente simples mas engenhoso: uma placa de vidro cilíndrica com uma tampa apertada. Este instrumento permitiu aos cientistas cultivar microrganismos num meio sólido, o que transformou a sua capacidade de observar e estudar estes organismos com precisão.

A placa de Petri permitiu o isolamento de colónias individuais de microrganismos, essencial para a identificação e estudo de bactérias e fungos específicos. Antes disso, os métodos de cultura eram imprecisos e frequentemente contaminados. Imagine tentar estudar uma única flor num campo densamente povoado sem poder aproximar-se dela ou tocar-lhe. A placa de Petri permitiu aos cientistas isolar colónias individuais de microrganismos, essenciais para a identificação e o estudo de bactérias e fungos específicos. Era como ter um jardim bem organizado onde cada planta cresce na sua própria parcela, permitindo observar as suas características sem interferências. Por exemplo, a capacidade de cultivar uma única espécie de microrganismo numa placa de Petri permitiu aos cientistas estudar as suas características e comportamento sem interferência. Este facto foi fundamental para a identificação de agentes patogénicos específicos responsáveis por doenças, como a tuberculose e a cólera, e conduziu a um melhor diagnóstico e tratamento. A placa de Petri desempenhou um papel fundamental na formulação e verificação dos postulados de Koch. Estes postulados, desenvolvidos por Robert Koch, estabelecem critérios para demonstrar que um microrganismo específico causa uma doença específica. Imagine ter de provar que uma faísca específica de um incêndio florestal foi a causa de um incêndio que destruiu uma floresta inteira. A placa de Petri tornou possível isolar e cultivar bactérias em meios sólidos, demonstrando a relação causal entre os microrganismos e a doença com a mesma precisão com que um detetive pode identificar a causa de um incêndio até à sua origem. A utilização da placa de Petri permitiu aos cientistas observar e descrever a morfologia das colónias bacterianas com grande pormenor. Diferentes bactérias formaram colónias com características distintas, tais como formas, tamanhos, cores e texturas específicas. Isto é comparável a um jardineiro que aprende a identificar as plantas não só pelas suas flores, mas também pelas suas folhas, caules e padrões de crescimento. Estas observações foram fundamentais para a taxonomia microbiana e para a identificação de microrganismos patogénicos. Por exemplo, a bactéria Staphylococcus aureus forma colónias douradas e arredondadas, enquanto a

Escherichia coli produz colónias cinzentas e planas. Estas diferenças morfológicas são cruciais para os microbiologistas na identificação e estudo das bactérias.

A placa de Petri facilitou o desenvolvimento e a utilização de vários meios de cultura. Um dos avanços mais importantes foi a introdução do ágar como agente solidificador. Recria a tentativa de cultivar plantas num solo que se desmorona constantemente e não mantém a sua forma. O ágar, derivado de algas, proporcionou uma superfície sólida e estável que não se liquefaz a baixas temperaturas, melhorando significativamente o manuseamento e a observação de culturas microbianas. Com a capacidade de cultivar bactérias em placas de Petri, os cientistas puderam realizar experiências controladas sobre a patogénese, a virulência e a resistência aos antibióticos de diferentes bactérias. Isto é semelhante à forma como um médico pode estudar o comportamento de um vírus isolado de uma amostra de sangue para desenvolver um tratamento específico. Esta capacidade facilitou o desenvolvimento de vacinas e tratamentos para várias doenças infecciosas, melhorando a saúde pública mundial. Por exemplo, a identificação e o estudo da Mycobacterium tuberculosis em placas de Petri levou ao desenvolvimento de antibióticos eficazes para tratar a tuberculose, uma doença que causou milhões de mortes em todo o mundo. A placa de Petri permitiu a normalização das técnicas microbiológicas, melhorando a reprodutibilidade das experiências. Este facto é crucial para a validação científica. Imagine um chefe de cozinha que consegue reproduzir exatamente a mesma receita em diferentes cozinhas de todo o mundo. Os resultados obtidos num laboratório poderiam ser reproduzidos noutros, estabelecendo a microbiologia como uma disciplina científica rigorosa. Por exemplo, a capacidade de replicar experiências microbiológicas em diferentes laboratórios permitiu aos cientistas confirmar as descobertas e fazer avançar o conhecimento científico de uma forma colaborativa e consistente. A simplicidade e a eficácia da placa de Petri tornaram-na numa ferramenta educativa essencial. Facilitou o ensino de técnicas microbiológicas básicas, tais como o cultivo, o isolamento e a observação de bactérias. Isto é comparável a ensinar aos jovens cozinheiros os princípios básicos da cozinha antes de passarem a pratos mais complexos. Esta abordagem prática promoveu o desenvolvimento de competências em estudantes e profissionais, consolidando a microbiologia como um domínio de estudo fundamental.

A capacidade de identificar e estudar agentes patogénicos específicos utilizando a placa de Petri teve um impacto direto na medicina e na saúde pública. Permitiu o desenvolvimento de melhores métodos de diagnóstico, tratamentos mais eficazes e estratégias de prevenção de doenças infecciosas. Este facto contribuiu para a redução da mortalidade e da morbilidade associadas às doenças infecciosas, melhorando a qualidade de vida a nível mundial.

1.6 Estudos de casos históricos e descobertas fundamentais

A placa de Petri tem sido fundamental numa série de descobertas marcantes que moldaram a microbiologia moderna. Eis alguns dos casos de estudo mais proeminentes e das principais descobertas que se tornaram possíveis graças à utilização deste instrumento.

Robert Koch, conhecido por ter formulado os postulados de Koch, utilizou placas de Petri para isolar e cultivar a Mycobacterium tuberculosis, o agente causador da tuberculose, em 1882. Ao utilizar meios sólidos em placas de Petri, Koch pôde observar as características específicas das colónias bacterianas e realizar testes que provaram que esta bactéria era responsável pela doença. Esta descoberta não só confirmou a teoria germinal das doenças, como também levou ao desenvolvimento de estratégias eficazes de diagnóstico e tratamento, salvando inúmeras vidas. Em 1928, Alexander Fleming fez uma das mais famosas descobertas da microbiologia com a placa de Petri. Enquanto investigava o

Staphylococcus aureus, Fleming reparou que uma das suas placas de Petri tinha sido contaminada por bolor e que à volta do bolor havia uma área livre de bactérias. Esta observação levou à descoberta da penicilina, o primeiro antibiótico, que revolucionou a medicina ao proporcionar uma ferramenta eficaz contra as infecções bacterianas. Sem a possibilidade de observar estas interacções num meio sólido, esta descoberta poderia ter passado despercebida.

Nos anos 80, Barry Marshall e Robin Warren utilizaram placas de Petri para cultivar e isolar a Helicobacter pylori, uma bactéria implicada na maioria das úlceras pépticas e em alguns tipos de gastrite. Antes desta descoberta, pensava-se que as úlceras eram causadas principalmente pelo stress e pela alimentação. A utilização de placas de Petri permitiu a Marshall e Warren isolar as bactérias e demonstrar o seu papel na doença, o que levou ao desenvolvimento de tratamentos antibióticos específicos. Esta descoberta valeu-lhes o Prémio Nobel da Medicina em 2005. A placa de Petri tem sido fundamental nos estudos sobre a resistência aos antibióticos. Por exemplo, nas décadas de 1940 e 1950, Joshua Lederberg utilizou placas de Petri para estudar a recombinação genética em bactérias e a transferência de resistência a antibióticos. O seu trabalho demonstrou como as bactérias podiam trocar genes de resistência, proporcionando uma compreensão fundamental dos mecanismos subjacentes à resistência aos antibióticos. Estes estudos foram cruciais para o desenvolvimento de estratégias de combate à resistência aos antibióticos, um problema de saúde pública cada vez mais grave. A placa de Petri também foi fundamental para o desenvolvimento de técnicas de cultura de células que tiveram um impacto profundo na biologia celular e na medicina. Por exemplo, as células HeLa, uma das linhas celulares mais utilizadas na investigação científica, foram cultivadas pela primeira vez em placas de Petri na década de 1950. Estas células permitiram avanços significativos no estudo do cancro, da virologia, da genética e da farmacologia. As técnicas de cultura de células desenvolvidas em placas de Petri facilitaram a investigação fundamental e aplicada numa vasta gama de disciplinas biomédicas.

Estudos fundamentais sobre a divisão celular em bactérias também foram possíveis através do uso de placas de Petri. A descoberta e compreensão da fissão binária, o processo pelo qual as bactérias se dividem para se reproduzirem, foi conseguida através da observação de colónias bacterianas em placas de Petri. A placa de Petri tem sido uma ferramenta indispensável na microbiologia, permitindo descobertas que transformaram a nossa compreensão das bactérias e do seu papel na saúde e na doença. Desde a identificação de agentes patogénicos específicos até ao desenvolvimento de antibióticos e estudos sobre a resistência bacteriana, os avanços feitos com a ajuda da placa de Petri tiveram um impacto profundo e duradouro na ciência e na medicina.

CAPÍTULO 2

O MODERNO

Visão microbiológica: A Placa de Petri na Era Contemporânea Nas vitrinas de muitos laboratórios em todo o mundo, podemos encontrar um grande número de placas redondas empilhadas em grandes prateleiras, muitas vezes sem uso. Alguns permanecem inutilizados devido à abundância de material, enquanto em certos colégios e universidades, estes instrumentos essenciais não são devidamente utilizados. Lembro-me claramente que, quando cheguei à universidade, esta situação se repetia em vários laboratórios, exceto no laboratório de microbiologia. Nesse espaço, a placa de Petri ocupava um lugar central, como uma joia preciosa, porque todos os estudos e experiências com microrganismos eram efectuados a partir dela.

A placa de Petri é, sem dúvida, um instrumento fundamental em microbiologia. Permite a visualização e o cultivo de microrganismos que, de outra forma, seriam invisíveis ao olho humano. Graças a este dispositivo simples mas poderoso, é possível observar colónias de microrganismos com as suas características únicas de forma, cor e tamanho, facilitando a identificação de várias espécies. À medida que avançava nos meus estudos, tive a oportunidade de aprender com vários professores, cada um com a sua própria abordagem sobre a forma de utilizar esta ferramenta de vidro para fazer avançar a sua investigação. Estas experiências enriqueceram a minha compreensão e apreço pela placa de Petri. Apesar dos avanços tecnológicos e da utilização generalizada do ADN na microbiologia moderna contemporânea, descobri que a chamada "microbiologia clássica", baseada na utilização de placas de Petri, continua a ser uma metodologia valiosa e eficaz. Durante o tempo que passei no laboratório do Dr. Francisco Yegres, um mentor e amigo, pude aprofundar a utilização clássica da placa de Petri. Testámos uma vasta

46

gama de microrganismos, desde fungos esporofíticos transportados pelo ar até fungos patogénicos para as plantas. Utilizamos microrganismos na produção de alimentos e bebidas, como queijo, vinho, iogurte, mosto, cerveja, malte e ácido acético. Além disso, exploramos aplicações industriais da microbiologia, como a degradação de compostos tóxicos no solo e na água, incluindo hidrocarbonetos aromáticos policíclicos, e a produção de bioplásticos, álcoois e biodiesel, bem como a avaliação microbiológica da água potável. A placa de Petri tornou-se um instrumento versátil para a deteção de várias doenças bacterianas e fúngicas. A sua utilização em estudos tão variados alargou os meus conhecimentos e fez-me compreender que quase todas as investigações em microbiologia podem começar com este instrumento simples mas essencial. A placa de Petri não só facilita a observação e o cultivo de microrganismos, como também permite uma compreensão mais profunda dos processos biológicos e ecológicos.

Para ilustrar a importância da placa de Petri na vida quotidiana, podemos compará-la a uma janela mágica que nos permite observar todo um novo universo. Imaginemos que somos exploradores de um vasto cosmos desconhecido, onde cada colónia de microrganismos é um planeta com a sua própria cultura e características únicas. Sem a placa de Petri, seria como tentar explorar este universo com um telescópio enevoado, incapaz de distinguir os pormenores que diferenciam um planeta do outro. Com a placa de Petri, essa janela torna-se mais clara, revelando um cosmos cheio de formas e cores que contam histórias fascinantes sobre a vida microbiana.

Do ponto de vista da microbiologia industrial, a placa de Petri permitiu-nos otimizar os processos de produção, como a fermentação na produção de alimentos e bebidas. Desempenha também um papel crucial na bioremediação, em que os microrganismos são utilizados para limpar os contaminantes ambientais. Neste contexto, a placa de Petri é como uma ferramenta de jardinagem que nos permite selecionar e cultivar as "plantas" certas para restaurar um "jardim" danificado, que neste caso seria o ambiente.

Para os estudantes e profissionais de microbiologia, a placa de Petri não é apenas um instrumento, mas um símbolo de descoberta e compreensão. Quando colocam amostras nestas placas e observam o crescimento de microrganismos, estão a participar numa tradição científica que tem fornecido conhecimentos cruciais há mais de um século. É um lembrete de que, embora a tecnologia evolua, as ferramentas fundamentais que nos ligam aos princípios básicos da ciência continuam a ser inestimáveis. Atualmente, não podemos imaginar a microbiologia moderna contemporânea sem a placa de Petri. A sua capacidade de facilitar a observação, o estudo e a manipulação de microrganismos torna-a uma parte insubstituível de qualquer laboratório. Da educação básica à investigação avançada, a placa de Petri continua a ser uma ferramenta essencial que abre uma janela para o mundo microbiano, permitindo avanços que melhoram a nossa saúde, a nossa indústria e o nosso ambiente.

Fundamentos de Microbiologia Contemporânea

A placa de Petri é uma ferramenta essencial e fundamental na microbiologia contemporânea, e a sua utilização continua a ser relevante mesmo na era da biotecnologia avançada e da genómica. Este dispositivo simples revolucionou a forma como estudamos e compreendemos o mundo microbiano, permitindo avanços significativos na ciência, na medicina e na indústria.

A placa de Petri: Uma janela para o microcosmo

Para compreender a importância da placa de Petri, podemos compará-la a uma janela mágica que nos permite observar todo um novo universo. Imaginemos que somos exploradores de um vasto cosmos desconhecido, onde cada colónia de microrganismos é um planeta com a sua própria cultura e características únicas. Sem a placa de Petri, seria como tentar explorar este universo com um telescópio enevoado, incapaz de distinguir os pormenores que diferenciam um planeta do outro. Com a placa de Petri, essa janela torna-se mais clara, revelando um cosmos cheio de formas e cores que contam histórias fascinantes sobre a vida microbiana.

O papel da placa de Petri na microbiologia

Desde a sua invenção por Julius Richard Petri em 1887, a placa de Petri tem sido crucial para o desenvolvimento da microbiologia. Esta simples placa redonda de vidro ou plástico, juntamente com um meio de cultura adequado, permite o crescimento controlado de bactérias, fungos e outros microrganismos. Isto facilita a observação direta e o estudo detalhado das suas características morfológicas e fisiológicas.

Cultura e observação de microrganismos:

A placa de Petri permite aos cientistas cultivar microrganismos em condições controladas, observando como se desenvolvem, reproduzem e reagem a diferentes estímulos. Por exemplo, quando uma amostra de solo ou de água é colocada numa placa de Petri com um meio de cultura adequado, podemos observar o crescimento de colónias de bactérias ou de fungos. Cada colónia é visível a olho nu e pode ser analisada em termos de forma, cor e tamanho.

Identificação e diagnóstico:

A capacidade de observar as características únicas das colónias microbianas facilita a identificação de espécies específicas. Em medicina, isto é crucial para o diagnóstico de infecções. Por exemplo, num hospital, um médico pode recolher uma amostra de um doente com uma infeção, colocá-la em cultura numa placa de Petri e observar o crescimento de colónias. As características morfológicas e os testes bioquímicos efectuados nestas colónias permitem identificar o agente patogénico responsável e escolher o tratamento adequado.

Investigação e desenvolvimento:

A placa de Petri é indispensável na investigação microbiológica. Permite aos cientistas realizar experiências para compreender o comportamento dos microrganismos em diferentes condições. Por exemplo, os investigadores podem estudar a forma como as bactérias respondem aos antibióticos, colocando discos impregnados com diferentes antibióticos numa placa de Petri e observando as zonas de inibição do crescimento bacteriano à volta dos discos.

Aplicações práticas na vida quotidiana

A importância da placa de Petri vai muito para além do laboratório de investigação. As suas aplicações práticas afectam vários aspectos da nossa vida quotidiana.

Produção de alimentos e bebidas:

Na indústria alimentar, os microrganismos cultivados em placas de Petri são utilizados para a produção de alimentos e bebidas. Por exemplo, os fungos e bactérias utilizados na fermentação de produtos como o queijo, o vinho, o iogurte e a cerveja são seleccionados e melhorados através de estudos em placas de Petri. Isto assegura produtos de elevada qualidade e consistência.

Biotecnologia industrial:

No domínio da biotecnologia, a placa de Petri é um instrumento fundamental para o desenvolvimento de processos industriais sustentáveis. Por exemplo, os microrganismos capazes de degradar poluentes ambientais, como os hidrocarbonetos em solos e águas contaminados, são identificados e optimizados utilizando técnicas de cultura em placas de Petri. Esta abordagem é crucial para a bioremediação, ajudando a limpar e a restaurar o ambiente.

Investigação médica:

Na investigação médica, a placa de Petri tem sido fundamental para o desenvolvimento de novos medicamentos e tratamentos. A identificação e o estudo de agentes patogénicos, como as bactérias resistentes aos antibióticos, são realizados em placas de Petri. Para além disso, os testes de sensibilidade aos antibióticos, que ajudam a determinar a eficácia de diferentes medicamentos contra bactérias específicas, dependem desta ferramenta.

A placa de Petri e a educação

Para os estudantes e profissionais de microbiologia, a placa de Petri não é apenas um instrumento, mas um símbolo de descoberta e compreensão. Quando colocam amostras nestas placas e observam o crescimento de microrganismos, estão a participar numa tradição científica que tem fornecido conhecimentos cruciais há mais de um século. É um lembrete de que, embora a tecnologia evolua, as ferramentas fundamentais que nos ligam aos princípios básicos da ciência permanecem inestimáveis. Nas salas de aula e nos laboratórios educativos, a placa de Petri é uma ferramenta indispensável para o ensino da microbiologia. Permite que os alunos experimentem em primeira mão como os microrganismos crescem e respondem a diferentes condições. Esta aprendizagem prática é essencial para a compreensão de conceitos teóricos e para o desenvolvimento de competências técnicas. A placa de Petri, inventada pelo bacteriologista alemão Julius Richard Petri em 1887, é uma ferramenta essencial na microbiologia e revolucionou vários domínios, incluindo a medicina e a saúde pública. Imagine um jardim em miniatura onde as sementes de bactérias e fungos podem crescer e revelar os seus segredos. Este simples prato circular, geralmente feito de vidro ou plástico, tornou-se uma janela para o mundo microscópico, permitindo-nos observar, identificar e compreender os microrganismos que afectam a nossa saúde.

Cultura de microrganismos e diagnóstico de doenças

Uma das aplicações mais directas e críticas da placa de Petri em medicina é a cultura de microrganismos para o diagnóstico de doenças infecciosas. Quando um doente apresenta sintomas de uma infeção, como febre, tosse ou feridas infectadas, uma amostra de sangue, expetoração, urina ou tecido pode ser cultivada numa placa de Petri. Este processo é semelhante a plantar sementes num jardim e esperar que germinem. Se estiverem presentes bactérias patogénicas, estas começarão a crescer e a formar colónias visíveis na placa. Por exemplo, no caso de uma infeção do trato urinário, uma amostra de urina pode ser colocada numa placa de Petri com um meio de cultura específico. Após incubação, é possível observar o crescimento de bactérias como a Escherichia coli, um agente patogénico comum nestas infecções. Este método não só confirma a presença da infeção, como também permite efetuar testes de sensibilidade aos antibióticos, ajudando os médicos a selecionar o tratamento mais eficaz.

Investigação de novos medicamentos

A placa de Petri é também fundamental para a investigação e desenvolvimento de novos medicamentos. Os cientistas utilizam placas de Petri para avaliar a eficácia de novos compostos antimicrobianos. Imagine um grupo de guerreiros (os potenciais antibióticos) a enfrentar um exército de bactérias no campo de batalha da placa de Petri. Um exemplo notável é a descoberta da penicilina por Alexander Fleming em 1928. Fleming observou que um fungo do género Penicillium tinha contaminado uma das suas placas de Petri e que nenhuma bactéria crescia à volta do fungo. Esta observação simples, mas revolucionária, levou ao desenvolvimento do primeiro antibiótico e transformou o tratamento das infecções bacterianas.

Controlo da qualidade dos alimentos e da água

Para além do ambiente hospitalar, a placa de Petri desempenha um papel vital na saúde pública através do controlo da qualidade dos alimentos e da água. Os inspectores de saúde utilizam placas de Petri para detetar a presença de agentes patogénicos em amostras de alimentos e de água potável. Este processo é essencial para prevenir surtos de doenças de origem alimentar, como a salmonelose e a listeriose. Por exemplo, numa fábrica de processamento de alimentos, podem ser recolhidas amostras de superfícies e produtos acabados e cultivadas em placas de Petri. Se for detectada a presença de Salmonella, a produção pode ser interrompida e os produtos recolhidos para evitar uma crise de saúde pública. Este método de vigilância é crucial para manter a segurança alimentar e proteger o público.

Investigação do microbioma humano

O estudo do microbioma humano - a comunidade de microrganismos que habitam o nosso corpo - avançou significativamente com a utilização da placa de Petri. Esta investigação revelou que os microrganismos desempenham um papel vital na nossa saúde, afectando tudo, desde a digestão ao sistema imunitário e à saúde mental. Por exemplo, as culturas de amostras fecais em placas de Petri identificaram bactérias benéficas que poderiam ser utilizadas como probióticos para tratar distúrbios digestivos. Além disso, a placa de Petri tem sido crucial para estudar a forma como os desequilíbrios no microbioma estão ligados a doenças como a obesidade, a diabetes e as doenças inflamatórias intestinais.

Prevenção e controlo de surtos

Em matéria de saúde pública, as placas de Petri são instrumentos essenciais para a prevenção e o controlo dos surtos epidémicos. Quando surge uma doença infecciosa, como a cólera ou a tuberculose, os laboratórios de saúde pública utilizam placas de Petri para identificar e caraterizar os agentes patogénicos responsáveis. Isto permite aos epidemiologistas localizar a origem do surto e aplicar medidas de controlo para evitar a sua propagação.
Um exemplo contemporâneo é a gestão de surtos de infecções resistentes a antibióticos. Os laboratórios podem utilizar placas de Petri para isolar e estudar estirpes de bactérias resistentes, ajudando a desenvolver estratégias para controlar a sua propagação e proteger as populações vulneráveis.

Educação e formação

Por último, as placas de Petri são ferramentas educativas de valor inestimável na formação de novos cientistas e profissionais de saúde. Nos laboratórios de ensino, os estudantes de microbiologia e de medicina utilizam placas de

Petri para aprenderem técnicas básicas de cultura e de diagnóstico. Esta formação prática é essencial para preparar a próxima geração de investigadores e médicos. Em conclusão, a placa de Petri, embora de conceção simples, teve um impacto monumental na medicina e na saúde pública. Desde o diagnóstico de doenças até à investigação de novos tratamentos e à proteção da segurança alimentar, este humilde instrumento continua a ser uma pedra angular na nossa luta contra a doença e na promoção da saúde. Tal como um jardim bem cuidado, a utilização da placa de Petri permite-nos cultivar conhecimentos e soluções que salvam vidas e melhoram a qualidade de vida em todo o mundo.

Utilização na indústria alimentar e na indústria farmacêutica

Controlo de qualidade e testes de estabilidade

Durante a produção de medicamentos, é essencial garantir que os produtos estão livres de contaminantes. As placas de Petri são essenciais para este fim, uma vez que permitem efetuar testes de esterilidade e avaliar a estabilidade dos medicamentos em várias condições de armazenamento.
No controlo de qualidade, as placas de Petri são utilizadas para testes de esterilidade, em que as amostras de produtos são inoculadas em meios de cultura específicos contidos nas placas. Estas são incubadas em condições controladas para permitir o crescimento de quaisquer microrganismos presentes. A ausência de crescimento microbiano nas placas indica que o produto é estéril, enquanto a presença de colónias sugere contaminação, o que pode comprometer a segurança do medicamento. Para além dos testes de esterilidade, as placas de Petri são utilizadas em testes de contaminação microbiana para produtos não estéreis. Isto envolve a utilização de meios de cultura selectivos e diferenciais que favorecem o crescimento de microrganismos específicos e permitem a sua

quantificação e identificação. Este processo assegura que os níveis de microrganismos se encontram dentro de limites aceitáveis, garantindo assim a qualidade e a segurança do produto.

A monitorização ambiental é também uma aplicação crucial das placas de Petri. As placas de Petri são utilizadas para monitorizar a qualidade microbiológica do ar e das superfícies nas áreas de produção e armazenamento. As amostras ambientais são cultivadas nas placas e as colónias resultantes são contadas e avaliadas para garantir que as condições de higiene são mantidas, minimizando o risco de contaminação cruzada na produção.

Em termos de testes de estabilidade, as placas de Petri são utilizadas para avaliar a forma como a carga microbiana de um medicamento se altera ao longo do tempo em diferentes condições de armazenamento, tais como variações de temperatura, humidade e luz. Durante estes testes, as amostras do produto são inoculadas nas placas em vários momentos. A incubação e a análise destas placas permitem a deteção de quaisquer alterações na carga microbiana, o que é essencial para determinar o prazo de validade do produto e para garantir a sua eficácia e segurança ao longo do tempo.

As placas de Petri são também utilizadas para detetar a degradação microbiana de medicamentos. Ao expor amostras de produtos a condições de stress e ao cultivá-las nas placas, os cientistas podem identificar possíveis vias de degradação microbiana que possam afetar a estabilidade do produto. Isto permite que as condições de armazenamento sejam ajustadas ou que a formulação seja modificada para melhorar a estabilidade do medicamento.

Finalmente, no controlo da eficácia dos agentes conservantes, as placas de Petri desempenham um papel crucial. Os produtos que contêm conservantes são inoculados com microrganismos específicos e cultivados nas placas em alturas diferentes durante os testes de estabilidade. A medição da capacidade dos conservantes para inibir o crescimento microbiano ao longo do tempo garante que o produto permanece seguro para utilização durante todo o seu prazo de validade.

Teste de eficácia de antibióticos

As placas de Petri são essenciais para os testes de suscetibilidade antimicrobiana. Os discos de antibióticos são colocados em culturas bacterianas e a zona de inibição à volta dos discos é medida para determinar a eficácia do antibiótico contra as bactérias em questão.

Para efetuar estes testes, a placa de Petri é primeiro inoculada com uma suspensão uniforme das bactérias a testar. Depois de a placa ter sido inoculada e o meio de cultura ter solidificado, são colocados discos impregnados com diferentes antibióticos na superfície do ágar. As placas são incubadas a uma temperatura adequada para permitir o crescimento bacteriano. Durante a incubação, os antibióticos difundem-se dos discos para o meio de cultura e, se forem eficazes, inibem o crescimento bacteriano à volta do disco. Após o período de incubação, a placa é observada para identificar áreas claras de inibição à volta dos discos, conhecidas como halos. O diâmetro destes halos é medido e comparado com padrões pré-estabelecidos para determinar a sensibilidade das bactérias ao antibiótico. Um halo grande indica uma elevada sensibilidade das bactérias ao antibiótico, sugerindo que o medicamento é eficaz na inibição do crescimento bacteriano. Por outro lado, uma pequena auréola ou a ausência de auréola indica resistência bacteriana, o que significa que o antibiótico não é eficaz contra essa estirpe bacteriana. Estes testes são cruciais para selecionar os antibióticos mais adequados para tratar infecções bacterianas, ajudando a evitar a utilização desnecessária de antibióticos ineficazes e contribuindo para a luta contra a resistência antimicrobiana. Fornecem também informações valiosas para a formulação de orientações de tratamento clínico e para a gestão de programas de controlo de infecções em meio hospitalar.

Monitorização ambiental

No fabrico de produtos farmacêuticos, a monitorização ambiental é fundamental para evitar a contaminação. As placas de Petri são utilizadas para recolher amostras de ar e de superfícies em áreas de produção e de laboratório, garantindo a manutenção dos padrões de esterilidade e limpeza.Para recolher amostras de ar, são utilizados dispositivos de amostragem que aspiram o ar e o fazem chocar contra a superfície de uma placa de Petri com ágar nutriente. Isto permite que quaisquer microrganismos presentes no ar sejam depositados no meio de cultura. As placas são então incubadas a uma temperatura adequada para permitir o crescimento dos microrganismos. Após o período de incubação, as placas são examinadas para detetar colónias microbianas, que são contadas e identificadas para avaliar a qualidade do ar em áreas de produção críticas. Na amostragem de superfície, são utilizadas placas de Petri com técnicas como placas de contacto (ágar de contacto) e zaragatoas esterilizadas. Na técnica da placa de contacto, a superfície de ágar é pressionada diretamente contra as superfícies a monitorizar, como bancadas, equipamento ou paredes. As zaragatoas esterilizadas são passadas sobre as superfícies e depois transferidas para o meio de cultura nas placas. As placas de contacto e as que contêm as zaragatoas transferidas são incubadas para permitir o crescimento de microrganismos. As colónias resultantes são contadas e avaliadas para determinar a carga microbiana nas superfícies amostradas. Este processo é essencial para verificar a eficácia dos procedimentos de limpeza e desinfeção e para identificar quaisquer áreas que necessitem de atenção adicional para manter a esterilidade. A monitorização ambiental da placa de Petri permite aos fabricantes de produtos farmacêuticos garantir que os ambientes de produção cumprem as normas regulamentares e as melhores práticas da indústria. Isto ajuda a evitar a contaminação de produtos farmacêuticos, garantindo a sua segurança e eficácia para os consumidores. Além disso, a monitorização contínua fornece dados importantes que podem ser utilizados para melhorar os procedimentos de limpeza e desinfeção e para responder rapidamente a quaisquer sinais de contaminação.

Investigação sobre novos tratamentos

As placas de Petri são fundamentais para a investigação de novos tratamentos e terapias. Estas pequenas superfícies circulares, geralmente feitas de vidro ou plástico, permitem aos cientistas cultivar microrganismos como bactérias, fungos e vírus num ambiente controlado. Imagine uma pequena janela para o mundo microscópico, onde os investigadores podem observar diretamente o comportamento destes pequenos seres vivos e desvendar os mistérios dos seus mecanismos de ação. Isto é essencial para o desenvolvimento de estratégias eficazes de combate às doenças infecciosas, uma vez que conhecer o comportamento e a proliferação dos agentes patogénicos é o primeiro passo para os derrotar.

Uma das aplicações mais importantes das placas de Petri é o teste de sensibilidade a medicamentos. Este processo é semelhante a testar diferentes escudos numa batalha para ver qual deles resiste melhor aos ataques do inimigo. Ao expor os microrganismos a diferentes concentrações de medicamentos, os cientistas podem determinar qual o composto mais eficaz e qual a dose mínima que permite obter resultados sem causar danos indevidos ao doente. Esta informação é vital não só para a eficácia do tratamento, mas também para evitar o desenvolvimento de resistência aos medicamentos, um problema crescente no mundo da saúde pública. Mas as placas de Petri não se limitam à microbiologia; a sua utilidade estende-se ao estudo das interacções celulares, um aspeto crucial da biologia celular e molecular. As células, tal como as pessoas, interagem com o seu ambiente e umas com as outras de formas complexas e fascinantes. Utilizando placas de Petri, os cientistas podem observar a forma como as células respondem a vários compostos e condições, o que é fundamental para o desenvolvimento de terapias seguras e eficazes. Por exemplo, no domínio da oncologia, a compreensão da forma como as células cancerígenas reagem a diferentes tratamentos pode levar ao desenvolvimento de terapias personalizadas. Estas terapias são adaptadas às características específicas do tumor de um doente, aumentando significativamente a probabilidade de sucesso e reduzindo os efeitos secundários.

No domínio da biologia celular e molecular, as placas de Petri são indispensáveis para manipular e observar as células num ambiente controlado. Este controlo é semelhante ao de um laboratório de química, onde cada variável pode ser ajustada e monitorizada. Esta precisão permite aos investigadores compreender melhor os processos celulares básicos, como a divisão celular, a sinalização e a morte celular programada (apoptose). Este conhecimento é a base para o desenvolvimento de intervenções terapêuticas que podem corrigir ou modificar estes processos quando se tornam patológicos. Para além disso, as placas de Petri têm sido fundamentais para o desenvolvimento de biotecnologias inovadoras. Pense-se na engenharia de tecidos, em que os cientistas cultivam células numa placa de Petri para criar tecidos que podem ser utilizados para substituir ou reparar tecidos danificados no corpo humano. Ou a clonagem de células, que permite a produção de células idênticas para investigação ou tratamento. Estas inovações têm o potencial de revolucionar o tratamento de uma vasta gama de doenças e condições médicas, desde a regeneração de órgãos até à criação de modelos celulares para testar novos medicamentos.

As placas de Petri são muito mais do que simples recipientes de laboratório, são ferramentas indispensáveis que abrem uma janela para o mundo microscópico, permitindo aos cientistas observar e manipular organismos e células a um nível anteriormente inimaginável. Este acesso pormenorizado e controlado é essencial para fazer avançar a investigação biomédica, desenvolvendo novos tratamentos e terapias que podem salvar vidas e melhorar a saúde de milhões de pessoas em todo o mundo. Graças à versatilidade e precisão que as placas de Petri oferecem, a ciência continua a desvendar os segredos da vida a nível celular e microbiano, abrindo caminho para futuros avanços médicos e biotecnológicos.

Procedimentos e métodos específicos

Os procedimentos e métodos específicos utilizados nas placas de Petri são essenciais para o estudo pormenorizado de microrganismos e células. Entre estes métodos, destacam-se a técnica de sementeira em extensão, a técnica de sementeira em profundidade e a utilização de meios selectivos e diferenciais. Cada um destes métodos tem as suas próprias vantagens e aplicações específicas, permitindo aos cientistas abordar uma vasta gama de questões de investigação.

Extensão da técnica de sementeira

A sementeira por espalhamento é uma técnica fundamental em microbiologia, tal como espalhar manteiga numa torrada para obter uma cobertura uniforme. Neste procedimento, uma pequena quantidade de amostra é retirada e espalhada sobre a superfície do ágar na placa de Petri, utilizando uma ferramenta chamada ansa de sementeira. Este método é especialmente útil para obter colónias isoladas, que são grupos de microrganismos descendentes de uma única célula. As colónias isoladas são essenciais porque permitem aos cientistas contar e analisar microrganismos individuais, o que é crucial para estudos quantitativos e qualitativos. A precisão com que esta técnica é executada determina a clareza e a separação das colónias. Uma sementeira de boa extensão produz colónias bem espaçadas que podem ser facilmente contadas e caracterizadas. Este método é amplamente utilizado em estudos de microbiologia clínica para identificar agentes patogénicos em amostras de doentes, bem como na investigação ambiental para analisar a biodiversidade microbiana em diferentes ecossistemas.

Técnica de sementeira em profundidade

A sementeira em profundidade é outra técnica valiosa, comparável à mistura de ingredientes numa massa homogénea antes de cozer um bolo. Nesta técnica, a amostra é misturada com ágar fundido a uma temperatura que mantém o ágar líquido, mas não prejudica os microrganismos. Esta mistura é depois vertida na placa de Petri e deixada solidificar. Esta técnica é particularmente útil para a contagem de microrganismos em amostras líquidas e para a deteção de bactérias anaeróbias, ou seja, aquelas que não se desenvolvem na presença de oxigénio. Os microrganismos retidos no ágar solidificado formam colónias a diferentes níveis, o que permite uma melhor estimativa da concentração original de microrganismos na amostra. Além disso, proporciona um ambiente adequado para o crescimento de anaeróbios, uma vez que o ágar sólido exclui o oxigénio, criando microambientes anaeróbios.

Utilização de meios selectivos e diferenciais

As placas de Petri também podem conter meios de cultura selectivos e diferenciais, que são essenciais para estudar e distinguir entre diferentes tipos de microrganismos. Pense nestes meios como filtros inteligentes que não só permitem o crescimento de determinados microrganismos, como também os colorem ou modificam para facilitar a sua identificação. Os meios selectivos contêm agentes que inibem o crescimento de alguns microrganismos enquanto permitem o crescimento de outros. Um exemplo é o ágar MacConkey, que contém sais biliares e violeta de cristal para inibir as bactérias gram-positivas, favorecendo assim o crescimento das bactérias gram-negativas. Além disso, este meio é diferenciado porque contém lactose e um indicador de pH. As bactérias que fermentam a lactose produzem ácido, que altera a cor do indicador, tornando possível distinguir entre bactérias que fermentam a lactose e bactérias que não fermentam. Isto é crucial para identificar agentes patogénicos entéricos como Escherichia coli e Salmonella. Os meios selectivos e diferenciais são ferramentas poderosas na microbiologia de diagnóstico e ambiental. Facilitam a identificação rápida e exacta de microrganismos em amostras complexas, o que é essencial para o tratamento eficaz de doenças infecciosas e para a monitorização da qualidade da água e dos alimentos.

As técnicas de sementeira ampla e profunda, juntamente com a utilização de meios selectivos e diferenciais, são métodos indispensáveis que melhoram a utilização das placas de Petri na investigação microbiológica. Estes métodos não só aumentam a nossa capacidade de estudar e compreender os microrganismos, como também são essenciais para desenvolver novos tratamentos, garantir a segurança alimentar e melhorar a saúde pública. A sua capacidade de facilitar a cultura, a observação e a quantificação dos microrganismos torna-a indispensável para garantir a segurança e a qualidade dos produtos. Além disso, a sua utilização em investigação e desenvolvimento contribui para a inovação contínua nestes domínios, melhorando tanto a segurança alimentar como a eficácia dos tratamentos médicos.

Utilização em ecologia microbiana e biotecnologia

A placa de Petri é uma ferramenta essencial na investigação científica e médica, permitindo aos investigadores cultivar e observar microrganismos num ambiente controlado. A sua importância reside na sua versatilidade e capacidade de proporcionar um ambiente ideal para o crescimento de bactérias, fungos, vírus e células eucarióticas. Isto facilita uma vasta gama de estudos, desde a microbiologia básica até às aplicações clínicas e biotecnológicas.

Utilização em Ecologia Microbiana

No domínio da ecologia microbiana, a placa de Petri é uma ferramenta inestimável. Este campo de estudo centra-se na compreensão da forma como os microrganismos interagem com o seu ambiente, incluindo outros organismos e o ambiente físico. Neste caso, as placas de Petri permitem aos cientistas investigar vários aspectos fundamentais: Isolamento de microrganismos: Na natureza, os microrganismos existem em comunidades complexas. As placas de Petri permitem aos investigadores isolar espécies individuais de amostras ambientais, facilitando o estudo das suas características e comportamentos específicos.

Estudos de competição e cooperação: A ecologia microbiana examina a forma como os microrganismos competem por recursos ou colaboram em teias alimentares. Utilizando placas de Petri, os cientistas podem recriar estas interacções no laboratório, observando como diferentes espécies afectam o crescimento e a sobrevivência de outras.

Adaptação e Evolução: As placas de Petri proporcionam um ambiente controlado para estudar a forma como os microrganismos se adaptam às alterações ambientais. Isto pode incluir a resistência aos antibióticos, a utilização de novos nutrientes ou a sobrevivência em condições extremas.

Biogeografia microbiana: Ao cultivar amostras de diferentes habitats em placas de Petri, os cientistas podem comparar a diversidade microbiana e compreender melhor a distribuição geográfica de diferentes espécies microbianas.

Utilização em biotecnologia

A biotecnologia beneficia enormemente da utilização de placas de Petri, uma vez que estas placas facilitam numerosos processos essenciais para o desenvolvimento de produtos biotecnológicos e para a investigação avançada:

Engenharia genética: Na manipulação genética, as placas de Petri são utilizadas para clonar e selecionar bactérias geneticamente modificadas. Após a introdução de um novo gene numa célula bacteriana, os cientistas podem utilizar placas de Petri para cultivar e selecionar células que tenham incorporado corretamente o material genético desejado.

Produção de Metabolitos Secundários: Muitos produtos biotecnológicos, como os antibióticos, as vitaminas e as enzimas, são metabolitos secundários produzidos por microrganismos. As placas de Petri permitem aos investigadores isolar e otimizar estirpes microbianas que produzem estes compostos em quantidades significativas.

Desenvolvimento de biocombustíveis: As algas e outros microrganismos cultivados em placas de Petri são estudados quanto à sua capacidade de produzir biocombustíveis. Os cientistas podem selecionar e melhorar estirpes que tenham uma elevada eficiência na produção de lípidos ou etanol, componentes essenciais para os biocombustíveis.

Bioremediação: As placas de Petri são utilizadas para selecionar e melhorar os microrganismos capazes de degradar os poluentes. ambiental. Este processo consiste em cultivar microrganismos na presença de substâncias tóxicas e selecionar os que apresentam uma elevada capacidade de degradação, que podem depois ser aplicados em processos de limpeza ambiental. Desenvolvimento de novos medicamentos: A investigação farmacêutica utiliza placas de Petri para estudar a produção de compostos bioactivos por microorganismos. Isto inclui a identificação de novas fontes de antibióticos e outros medicamentos. Permitem também testar as interacções de medicamentos com diferentes microrganismos, facilitando a identificação de potenciais tratamentos. A placa de Petri é uma ferramenta indispensável tanto na ecologia microbiana como na biotecnologia. Na ecologia microbiana, permite o isolamento, o estudo e a compreensão das interacções e adaptações microbianas em diferentes ambientes. No domínio da biotecnologia, facilita a engenharia genética, a produção de metabolitos importantes, o desenvolvimento de biocombustíveis, a bioremediação e a descoberta de novos medicamentos. A sua capacidade de proporcionar um ambiente controlado e replicável torna-o um ator-chave na investigação e na aplicação prática da microbiologia e da biotecnologia.

Intersecção com a engenharia genética e a bioinformática

As placas de Petri são uma ferramenta essencial que actua como uma ponte entre várias disciplinas científicas, incluindo a engenharia genética e a bioinformática. A sua capacidade de proporcionar um ambiente controlado e replicável torna-as indispensáveis nestes domínios. Na engenharia genética, permitem a manipulação e o estudo pormenorizado da expressão do ADN e das proteínas, enquanto na bioinformática fornecem os dados experimentais necessários para a análise e a modelização computacional. A sinergia entre estes domínios, facilitada pelas placas de Petri, impulsiona o avanço da biotecnologia e da investigação biomédica, permitindo o desenvolvimento de novas terapias, produtos biotecnológicos e uma compreensão mais profunda dos sistemas biológicos.

Engenharia genética

Na engenharia genética, as placas de Petri desempenham um papel crucial em várias fases do processo de manipulação e estudo do material genético:

Clonagem de genes:

As placas de Petri são utilizadas para cultivar bactérias que foram transformadas com plasmídeos contendo genes de interesse. Estas placas permitem a seleção de bactérias que incorporaram com êxito o plasmídeo, utilizando meios de cultura que contêm antibióticos. As colónias resultantes podem ser isoladas e posteriormente analisadas para verificar a presença e a expressão correcta do gene introduzido.

Expressão de Proteínas Recombinantes:

Uma vez introduzidos os genes nos microrganismos, as placas de Petri facilitam o cultivo destas células para a produção de proteínas recombinantes. Estas proteínas são essenciais para a investigação biológica e aplicações terapêuticas. As placas de Petri permitem um primeiro passo crítico para selecionar as estirpes mais produtivas antes de as aumentar para culturas líquidas de maior volume.

Mutagénese e seleção de mutantes:

As placas de Petri são essenciais nos estudos de mutagénese, onde as mutações são introduzidas no ADN para estudar os seus efeitos. Os mutantes são cultivados nestas placas, permitindo a observação de fenótipos alterados e a seleção dos que apresentam as características desejadas para estudos posteriores ou aplicações biotecnológicas.

Bioinformática

A bioinformática, que envolve a utilização de ferramentas computacionais para analisar dados biológicos, também beneficia das placas de Petri de várias formas indirectas:

Análise de Sequências Genéticas:

As experiências em placas de Petri, como a clonagem e a
mutagénese, geram dados de sequências genéticas que são
depois analisados utilizando ferramentas de bioinformática. A
comparação de sequências e a identificação de mutações são
essenciais para compreender as alterações genéticas e os
seus efeitos.

Modelação de redes metabólicas e reguladoras:

Os estudos em placas de Petri fornecem dados experimentais
sobre a expressão genética e a produção de metabolitos. Estes
dados são integrados em modelos computacionais que
simulam redes metabólicas e reguladoras. As placas de Petri
permitem a validação destes modelos através da comparação
das previsões com os resultados experimentais.

Algoritmo e desenvolvimento de software:

As placas de Petri permitem a geração de grandes conjuntos de
dados que são essenciais para desenvolver e melhorar
algoritmos e software de bioinformática. Por exemplo, os dados
relativos ao crescimento e à expressão genética de
microrganismos em diferentes condições podem ser utilizados
para treinar algoritmos de aprendizagem automática que
prevêem o comportamento biológico.

Big Data e análise ómica:

As tecnologias ómicas (genómica, transcriptómica, proteómica,
etc.) geram grandes volumes de dados a partir de experiências
que começam frequentemente com culturas em placas de Petri.
A bioinformática é crucial para processar e analisar estes
dados, identificando padrões e relações que não são óbvios a
olho nu.

Papel na vigilância epidemiológica e no controlo das doenças

As placas de Petri desempenham um papel crucial na vigilância epidemiológica e no controlo de doenças. Estas ferramentas laboratoriais básicas são essenciais para identificar, estudar e monitorizar microrganismos patogénicos, facilitando assim a gestão de surtos de doenças e a implementação de medidas de controlo eficazes. A sua capacidade de proporcionar um ambiente controlado e replicável para a cultura e estudo de microrganismos torna-os indispensáveis na luta contra as doenças infecciosas, ajudando a proteger a saúde pública e a prevenir epidemias.

Identificação do agente patogénico

Uma das utilizações mais essenciais das placas de Petri na vigilância epidemiológica é a identificação de agentes patogénicos. Os procedimentos básicos incluem:

Cultura de amostras clínicas:

Quando se suspeita de uma infeção, as amostras clínicas (como sangue, urina, expetoração ou tecido) são cultivadas em placas de Petri com meios de cultura adequados. Este processo permite que os microrganismos presentes na amostra cresçam e formem colónias visíveis. Estas colónias podem ser estudadas para identificar o agente patogénico responsável pela infeção.

Testes de suscetibilidade antimicrobiana:

Depois de um agente patogénico ter sido isolado numa placa de Petri, podem ser realizados testes de suscetibilidade antimicrobiana para determinar quais os medicamentos mais eficazes no tratamento da infeção. Isto é vital para a prescrição de tratamentos adequados e para reduzir a propagação de estirpes resistentes aos medicamentos.

Monitorização de surtos

As placas de Petri são também cruciais para monitorizar surtos de doenças:

Deteção precoce:

As placas de Petri permitem a deteção precoce de agentes patogénicos em comunidades e hospitais. Por exemplo, num hospital, as amostras de doentes com sintomas semelhantes podem ser rapidamente cultivadas para identificar um surto de infeção nosocomial. Esta deteção precoce é essencial para implementar medidas de controlo e evitar a propagação de doenças.

Vigilância contínua:

As placas de Petri são utilizadas em programas de vigilância contínua para controlar a presença de agentes patogénicos em várias populações. Por exemplo, nas estações de tratamento de água, as placas de Petri são utilizadas para detetar a presença de bactérias coliformes, indicando uma possível contaminação fecal. Este controlo regular ajuda a prevenir surtos de doenças transmitidas pela água.

Investigação epidemiológica

Na investigação epidemiológica, as placas de Petri são utilizadas para estudar a dinâmica da transmissão de doenças:

Rastreabilidade dos agentes patogénicos:

Durante um surto, os investigadores podem utilizar placas de Petri para isolar e caraterizar os agentes patogénicos de diferentes doentes. Ao comparar os isolados, é possível identificar as fontes de infeção e as vias de transmissão. Isto é essencial para a conceção de estratégias eficazes de controlo e prevenção.

Estudos de resistência antimicrobiana:

As placas de Petri são essenciais para o estudo da resistência antimicrobiana. Ao cultivar bactérias de diferentes amostras e efetuar testes de sensibilidade, os investigadores podem mapear a propagação de estirpes resistentes e compreender os mecanismos subjacentes à resistência. Esta informação é crucial para o desenvolvimento de políticas de utilização de antimicrobianos e de programas de controlo de infecções.

Desenvolvimento de vacinas e tratamentos

O papel das placas de Petri na vigilância epidemiológica também se estende ao desenvolvimento de vacinas e tratamentos:

Investigação de vacinas:

As placas de Petri permitem que os agentes patogénicos sejam cultivados e que o seu comportamento seja estudado, o que é essencial para o desenvolvimento de vacinas. Os investigadores podem atenuar os agentes patogénicos cultivados em placas de Petri e testar a sua eficácia como vacinas em modelos animais antes de passarem aos ensaios clínicos.

Desenvolvimento de novos tratamentos:

Ao estudar a forma como os agentes patogénicos crescem e respondem a diferentes compostos em placas de Petri, os cientistas podem identificar novos medicamentos e tratamentos. Este processo é essencial para encontrar terapias eficazes contra agentes patogénicos emergentes e resistentes.

Impacto na educação científica e na divulgação científica

As placas de Petri não são apenas uma ferramenta essencial na investigação científica, mas têm também um impacto significativo na educação e divulgação científicas. Estes instrumentos laboratoriais simples permitem a estudantes de todas as idades compreender conceitos científicos complexos de uma forma prática e acessível. As placas de Petri desempenham um papel crucial na educação e divulgação científicas, proporcionando uma forma prática e acessível de ensinar conceitos científicos complexos, promover competências científicas nos estudantes, envolver a comunidade em actividades científicas e inspirar futuras carreiras científicas. A sua versatilidade e facilidade de utilização fazem delas uma ferramenta inestimável para educadores, cientistas e divulgadores, contribuindo para o avanço da educação científica e para a participação do público na ciência.

Experiência prática em sala de aula

As placas de Petri oferecem uma forma prática e tangível de ensinar conceitos científicos na sala de aula:

Microbiologia básica:

As placas de Petri são ideais para ensinar microbiologia básica a alunos de todas as idades. Os professores podem utilizá-las para demonstrar conceitos como o crescimento de microrganismos, a formação de colónias e a importância das condições de cultura. Os alunos podem realizar experiências simples, como observar o crescimento bacteriano em diferentes meios de cultura ou investigar a eficácia dos desinfectantes.

Ecologia microbiana:

As placas de Petri também podem ser utilizadas para ensinar conceitos de ecologia microbiana. Por exemplo, os alunos podem recolher amostras ambientais e cultivar microrganismos em placas de Petri para estudar a diversidade e a distribuição da vida microbiana em diferentes ambientes. Isto permite-lhes compreender a importância dos microrganismos nos ecossistemas e a forma como interagem com o seu ambiente.

Promover as competências científicas

A utilização de placas de Petri na sala de aula incentiva o desenvolvimento de competências científicas nos alunos:

Observação e análise:

Ao observar o crescimento de microrganismos em placas de Petri, os alunos desenvolvem competências de observação e análise. Podem identificar diferentes tipos de colónias, analisar padrões de crescimento e tirar conclusões sobre as condições que favorecem o crescimento microbiano.

Métodos científicos:

As experiências com placas de Petri também ensinam aos alunos o método científico. Aprendem a formular questões de investigação, a conceber experiências, a recolher dados e a tirar conclusões com base em provas. Esta abordagem prática ajuda os alunos a interiorizar os princípios fundamentais da ciência.

Divulgação científica e envolvimento da comunidade

As placas de Petri podem ser utilizadas como ferramentas de divulgação científica para envolver a comunidade em actividades científicas:

Eventos científicos públicos:

Em feiras de ciências e outros eventos de divulgação científica, as placas de Petri podem ser utilizadas para demonstrações interactivas. Os visitantes podem cultivar microrganismos, observar o seu crescimento e aprender sobre microbiologia e biotecnologia de uma forma divertida e acessível.

Projectos comunitários:

As placas de Petri também podem ser utilizadas em projectos comunitários de ciência cidadã. Por exemplo, os residentes locais podem recolher amostras de água, solo ou ar e cultivar microrganismos para estudar a biodiversidade microbiana no seu ambiente. Isto incentiva a participação do público na investigação científica e promove a consciencialização ambiental.

Impulsionar as carreiras científicas

A utilização de placas de Petri no ensino pode inspirar os alunos a seguirem carreiras científicas:

Despertar o interesse pela ciência:

As experiências práticas com placas de Petri podem despertar o interesse dos alunos pela ciência e motivá-los a explorar carreiras em domínios relacionados, como a microbiologia, a biotecnologia ou a ecologia.

Desenvolvimento de competências profissionais:

A utilização de placas de Petri no ensino proporciona aos alunos competências práticas que são relevantes para as carreiras científicas. Aprendem técnicas laboratoriais, análise de dados e comunicação científica, preparando-os para futuras oportunidades educativas e profissionais.

CAPÍTULO 3
O FUTURO

Navegando no universo microbiano: Perspectivas futuras com a placa de Petri

A placa de Petri, uma ferramenta essencial em microbiologia, está no limiar de uma revolução tecnológica que promete transformar a investigação científica e a medicina. As tendências emergentes na sua tecnologia estão a impulsionar melhorias nos materiais e desenhos, permitindo culturas mais precisas e diversificadas. Imagine a placa de Petri como uma janela para mundos invisíveis, cada vez mais clara e ampla, revelando segredos ocultos de microrganismos que antes eram inacessíveis. A automação e a robótica estão a revolucionar o manuseamento de placas de Petri. Pense nos robots como pequenos ajudantes incansáveis nos laboratórios, capazes de manipular centenas de placas com uma precisão milimétrica, acelerando processos que costumavam demorar dias ou semanas. Estes avanços não só aumentam a eficiência, como também minimizam o erro humano, garantindo resultados mais fiáveis e consistentes.

A inteligência artificial (IA) e a análise de dados estão a ser integradas para interpretar os resultados da placa de Petri de forma mais rápida e eficiente. Por exemplo, imagine um software capaz de analisar automaticamente colónias microbianas, identificando padrões que o olho humano poderia não ver. Isto é comparável a ter um microscópio com uma mente própria, capaz de detetar e aprender com cada nova informação, permitindo descobertas revolucionárias sobre o comportamento microbiano e a resistência aos antibióticos. Estão a surgir novos modelos teóricos e conceptuais na microbiologia, oferecendo formas inovadoras de compreender os ecossistemas microbianos. Pense num ecossistema microbiano como uma cidade movimentada, com bactérias, vírus e fungos a interagir de forma complexa. Os novos modelos permitem-nos mapear estas interacções com maior detalhe, tal como os mapas das cidades evoluíram de simples desenhos para planos 3D interactivos e detalhados. Explorar o microbiota humano, a vasta comunidade de microrganismos que vivem no nosso corpo, é fundamental para a nossa saúde. As placas de Petri permitem-lhe estudar estes microrganismos, revelando a forma como influenciam as doenças e a saúde em geral. Imagine a microbiota como um jardim secreto no seu intestino, onde cada micróbio desempenha um papel crucial na manutenção do equilíbrio. As placas de Petri permitem-nos cultivar e estudar estes micróbios, desenvolvendo terapias que podem restaurar o equilíbrio em caso de doença. Na medicina regenerativa e na terapia celular, as placas de Petri são como pequenos viveiros onde as células estaminais e os tecidos podem crescer e desenvolver-se. Este facto abre novas possibilidades para o tratamento de doenças e a reparação de tecidos danificados. Por exemplo, podem ser cultivadas células cardíacas para reparar corações danificados, tal como um jardineiro cultiva plantas para restaurar um jardim devastado por uma tempestade.

No entanto, este progresso não está isento de desafios. A investigação microbiológica levanta importantes questões éticas e regulamentares, especialmente no que respeita à manipulação genética e à utilização de dados sensíveis. É crucial navegar cuidadosamente por estes desafios, assegurando que a ciência avança de uma forma responsável e ética. Pense nestes desafios como os guardiões do conhecimento, que devem ser convencidos com argumentos éticos sólidos para nos permitir avançar.

O futuro da placa de Petri e da microbiologia é brilhante. Este humilde instrumento continuará a ser fundamental para a investigação, impulsionando inovações que transformarão a nossa compreensão do mundo microbiano e o seu impacto na nossa vida quotidiana. Desde a luta contra as doenças infecciosas até à exploração da microbiota e da engenharia de tecidos, a placa de Petri continuará a ser um farol de descobertas e avanços científicos. Tal como um pequeno cristal pode espalhar a luz num espetro de cores, a placa de Petri espalhará o conhecimento num espetro de aplicações que beneficiarão a humanidade de formas inimagináveis.

Tendências emergentes na tecnologia de placas de Petri Placas de Petri

A placa de Petri, uma ferramenta essencial em microbiologia, está no limiar de uma revolução tecnológica que promete transformar a investigação científica e a medicina. As tendências emergentes na sua tecnologia estão a impulsionar melhorias nos materiais e desenhos, permitindo culturas mais precisas e diversificadas. Imagine a placa de Petri como uma janela para mundos invisíveis, cada vez mais clara e ampla, revelando segredos ocultos de microrganismos que anteriormente eram inacessíveis. A automatização e a robótica estão a revolucionar o manuseamento das placas de Petri. Pense nos robots como pequenos ajudantes incansáveis nos laboratórios, capazes de manipular centenas de placas com uma precisão milimétrica, acelerando processos que costumavam demorar dias ou semanas. Estes avanços não só aumentam a eficiência, como também minimizam o erro humano, garantindo resultados mais fiáveis e consistentes. A inteligência artificial (IA) e a análise de dados estão a integrar-se para interpretar os resultados das placas de Petri de forma mais rápida e precisa. Por exemplo, imagine um software capaz de analisar automaticamente colónias microbianas, identificando padrões que podem passar despercebidos ao olho humano. Isto é comparável a ter um microscópio com mente própria, capaz de detetar e aprender com cada nova informação, permitindo descobertas revolucionárias sobre o comportamento microbiano e a resistência aos antibióticos. Estão a surgir novos modelos teóricos e conceptuais na microbiologia, oferecendo formas inovadoras de compreender os ecossistemas microbianos. Pense num ecossistema microbiano como uma cidade movimentada, com bactérias, vírus e fungos a interagir de forma complexa. Os novos modelos permitem-nos mapear estas interacções com maior detalhe, tal como os mapas das cidades evoluíram de simples desenhos para planos 3D interactivos e detalhados. Explorar o microbiota humano, a vasta comunidade de microrganismos que vivem no nosso corpo, é fundamental para a nossa saúde. As placas de Petri permitem-lhe estudar estes microrganismos, revelando a forma como influenciam as doenças e a saúde em geral. Imagine a microbiota como um jardim secreto no seu intestino, onde cada micróbio desempenha um papel crucial na manutenção do equilíbrio. As placas de Petri permitem-nos cultivar e estudar estes micróbios, desenvolvendo terapias que podem restaurar o equilíbrio em caso de doença.

Na medicina regenerativa e na terapia celular, as placas de Petri, uma ferramenta essencial desde a sua invenção no final do século XIX, estão a sofrer uma evolução significativa graças aos avanços tecnológicos. As tendências emergentes na sua tecnologia estão a transformar a sua conceção, materiais e aplicações, impulsionando a sua utilização na investigação e no diagnóstico. Aqui exploramos em pormenor estas tendências e o seu impacto no domínio da microbiologia e da biotecnologia.

Melhoria dos materiais

Os materiais utilizados no fabrico das placas de Petri estão a ser optimizados para melhorar a sua funcionalidade e eficiência. Tradicionalmente feitas de vidro e depois de plástico, as placas de Petri estão agora a ser fabricadas com materiais mais avançados que oferecem vantagens específicas:

Plásticos biodegradáveis: A preocupação com o ambiente levou ao desenvolvimento de placas de Petri feitas de plásticos biodegradáveis. Estas placas reduzem o impacto ambiental associado aos resíduos laboratoriais e são especialmente importantes em laboratórios de elevada rotação que geram grandes quantidades de resíduos de plástico. Materiais antimicrobianos: Estão a ser utilizados novos materiais com propriedades antimicrobianas para reduzir a contaminação e melhorar a assepsia nas culturas. Estes materiais ajudam a manter as amostras livres de contaminantes indesejados, aumentando a precisão das experiências. Superfícies modificadas: As superfícies das placas de Petri estão a ser modificadas para melhorar a adesão das células e o crescimento microbiano. Isto é particularmente útil na cultura de células, onde a adesão das células à superfície é crucial para o sucesso da experiência. Por exemplo, os revestimentos com proteínas específicas que promovem a adesão das células estaminais estão a ser utilizados na investigação em medicina regenerativa.

Inovações no design

O design das placas de Petri também está a evoluir para se adaptar a novas necessidades e aplicações. Estas inovações estão a melhorar a funcionalidade e a versatilidade das placas:
Placas com vários poços: As placas de Petri tradicionais estão a ser complementadas com placas de múltiplos poços, que permitem a realização de várias experiências em simultâneo numa única placa. Isto é especialmente útil em estudos de alto rendimento em que são necessários vários poços para efetuar muitos testes paralelos, como na investigação farmacêutica para testes de medicamentos.
Microplacas de alta densidade: Para a investigação que requer um grande número de pequenas amostras, as microplacas de alta densidade estão a ganhar popularidade. Estas placas permitem a realização de milhares de experiências em paralelo, facilitando os estudos em grande escala, como o rastreio de bibliotecas de compostos químicos para novos medicamentos.
Placas de formato personalizado: Com a ajuda da impressão

3D, é possível fabricar placas de Petri com formatos personalizados adaptados a necessidades específicas de investigação. Por exemplo, estão a ser desenvolvidas placas com microcanais e compartimentos especiais para estudos de dinâmica de fluidos e comportamento microbiano em ambientes simulados.

Tecnologia de monitorização incorporada

A integração de tecnologias de monitorização nas placas de Petri está a revolucionar a forma como as experiências microbiológicas são realizadas e analisadas: Sensores Integrados: Os sensores que podem medir parâmetros como o pH, a temperatura e a concentração de oxigénio estão a ser incorporados diretamente nas placas de Petri. Isto permite a monitorização das condições de cultura em tempo real, sem necessidade de interromper a experiência. Por exemplo, os sensores de pH integrados podem ajudar a ajustar as condições do meio de cultura para otimizar o crescimento celular. Placas com iluminação LED: A incorporação de iluminação LED nas placas de Petri está a permitir a estimulação ótica das culturas, o que é particularmente útil em estudos de fotobiologia e na otimização das condições de cultura para organismos fotossintéticos. A iluminação controlada pode simular os ciclos dia/noite para estudar os ritmos circadianos dos microrganismos.

Placas conectadas à Internet: Com o avanço da Internet das Coisas (IoT), as placas de Petri estão a ser equipadas com capacidades de ligação à Internet, permitindo a recolha e análise remota de dados. Isto facilita a monitorização contínua e a análise de dados em tempo real, mesmo a partir de locais remotos, melhorando a eficiência e a colaboração na investigação multicêntrica.

Personalização e escalabilidade

A capacidade de personalizar e dimensionar placas de Petri para várias aplicações está a abrir novas fronteiras na investigação:

Placas de Petri **modulares:** As placas de Petri modulares permitem aos investigadores combinar diferentes módulos numa única placa, adaptando o ambiente de cultura às suas necessidades específicas. Esta flexibilidade é fundamental em experiências complexas que requerem múltiplas condições experimentais em simultâneo.

Microbioreactores: As placas de Petri estão a evoluir para microbioreactores, que permitem um controlo preciso das condições de cultura, como a agitação e o arejamento, num formato compacto. Estes dispositivos estão a revolucionar a investigação em bioprodução e biotecnologia, facilitando a escalabilidade dos processos biológicos.

Aplicações interdisciplinares

As novas tecnologias de placas de Petri estão a alargar as suas aplicações a domínios interdisciplinares: A engenharia de tecidos: Na engenharia de tecidos, as placas de Petri com suportes tridimensionais estão a permitir o cultivo de tecidos complexos que se assemelham mais aos tecidos naturais. Isto é crucial para o desenvolvimento de órgãos artificiais e terapias de regeneração de tecidos: As placas de Petri estão a ser utilizadas em estudos de ecologia microbiana para simular e analisar as interacções microbianas em ambientes naturais. Por exemplo, podem ser recriados microhabitats específicos para estudar a forma como diferentes espécies microbianas interagem entre si e com o seu ambiente. Estudos de biofilmes: A formação de biofilmes, que são comunidades de microrganismos que aderem a superfícies, está a ser estudada em placas de Petri especialmente concebidas para permitir a visualização e análise pormenorizadas destas estruturas. Isto tem aplicações importantes na investigação de infecções persistentes e da resistência aos antibióticos.

As tendências emergentes na tecnologia das placas de Petri estão a revolucionar a investigação microbiológica e biotecnológica. Com melhorias nos materiais, inovações na conceção, integração da tecnologia de monitorização, personalização e escalabilidade, e aplicações interdisciplinares, estes humildes instrumentos estão preparados para abrir novas fronteiras na ciência e na medicina, permitindo descobertas que transformarão a nossa compreensão do universo microbiano e o seu impacto na saúde e no ambiente. As placas de Petri são como pequenos viveiros onde as células estaminais e os tecidos podem crescer e desenvolver-se. Este facto abre novas possibilidades para o tratamento de doenças e a reparação de tecidos danificados. Por exemplo, podem ser cultivadas células cardíacas para reparar corações danificados, tal como um jardineiro cultiva plantas para restaurar um jardim devastado por uma tempestade. A investigação microbiológica levanta importantes questões éticas e regulamentares, especialmente no que respeita à manipulação genética e à utilização de dados sensíveis. É crucial navegar cuidadosamente por estes desafios, assegurando que a ciência avança de forma responsável e ética. Pense nestes desafios como os guardiões do conhecimento, que devem ser convencidos com argumentos éticos sólidos para nos permitir avançar.O futuro da placa de Petri e da microbiologia é brilhante. Esta humilde ferramenta continuará a ser fundamental para a investigação, impulsionando inovações que transformarão a nossa compreensão do mundo microbiano e o seu impacto na nossa vida quotidiana. Desde a luta contra as doenças infecciosas até à exploração da microbiota e da engenharia de tecidos, a placa de Petri continuará a ser um farol de descobertas e avanços científicos. Tal como um pequeno cristal pode dispersar a luz num espetro de cores, a placa de Petri dispersará o conhecimento num espetro de aplicações que beneficiarão a humanidade de formas inimagináveis.

Avanços em automação e robótica aplicada

Os avanços na automação e robótica estão a revolucionar a utilização de placas de Petri, levando a investigação microbiológica a níveis sem precedentes de precisão, eficiência e escalabilidade. A implementação destes avanços está a otimizar múltiplos aspectos da investigação microbiológica. do processo experimental, desde o manuseamento de amostras até à análise de dados, facilitando descobertas mais rápidas e mais precisas.

Automatização do manuseamento de amostras

A automatização do manuseamento de amostras é um dos avanços mais significativos na utilização de placas de Petri. Os sistemas automatizados podem efetuar tarefas repetitivas com elevada precisão e consistência, reduzindo o risco de erro humano e aumentando a produtividade do laboratório: Os robots de distribuição automática podem carregar e distribuir meios de cultura e amostras em placas de Petri com elevada precisão. Isto é especialmente útil em estudos de elevado rendimento em que é necessária a preparação de centenas ou milhares de amostras. Por exemplo, num rastreio farmacológico, um robô pode preparar várias diluições de um composto e aplicá-las em diferentes placas, garantindo a consistência e reduzindo o tempo necessário para a preparação manual: Os robôs especializados podem transferir e manipular placas de Petri entre diferentes estações de trabalho num laboratório automatizado. Estes robots podem, por exemplo, mover placas de uma estação de sementeira para uma incubadora e depois para uma estação de análise, tudo sem intervenção humana. Isto não só aumenta a eficiência como também permite o manuseamento seguro de amostras perigosas ou contaminantes.

Incubação e monitorização automatizadas

A automatização da incubação e da monitorização das culturas é outro avanço crucial. Estes sistemas podem manter condições ambientais óptimas e efetuar uma monitorização contínua, garantindo o crescimento adequado da cultura e permitindo intervenções atempadas, se necessário.

Incubadoras automatizadas: As incubadoras automatizadas podem controlar e ajustar parâmetros como a temperatura, a humidade e a concentração de CO_2. Além disso, estas incubadoras estão equipadas com sistemas de monitorização contínua que registam dados em tempo real. Por exemplo, no estudo de bactérias que requerem condições específicas de oxigénio, uma incubadora automatizada pode ajustar dinamicamente os níveis de oxigénio para otimizar o crescimento.

Sistemas de monitorização em tempo real: A integração de sensores em placas de Petri permite a monitorização contínua de parâmetros críticos, como o pH e a concentração de gás. Estes sistemas podem alertar automaticamente os investigadores para quaisquer desvios dos parâmetros definidos, permitindo uma resposta rápida e precisa. Por exemplo, em culturas de células estaminais, um sensor de pH pode detetar alterações no meio de cultura e ajustar as condições para manter um ambiente ideal para o crescimento celular.

Análise e processamento automatizados

A automatização da análise e processamento de dados de placas de Petri está a transformar a forma como os resultados experimentais são interpretados. Os sistemas automatizados podem analisar grandes volumes de dados mais rapidamente e com maior exatidão do que os métodos manuais. Sistemas automatizados de imagem e análise: As câmaras de alta resolução e os sistemas automatizados de análise de imagem podem capturar e analisar colónias microbianas em placas de Petri. Estes sistemas utilizam algoritmos avançados para identificar e contar colónias, medir o tamanho das colónias e analisar a morfologia das mesmas. Por exemplo, em estudos de resistência a antibióticos, um sistema de análise automatizado pode avaliar rapidamente a eficácia de diferentes antibióticos, medindo o crescimento bacteriano na presença desses compostos.

Software de análise de dados: O software de análise de dados está a ser integrado em sistemas automatizados para processar e interpretar os resultados das colheitas. Estes programas podem efetuar análises estatísticas complexas e gerar relatórios detalhados, ajudando os investigadores a compreender melhor os dados obtidos. Por exemplo, num estudo de genética microbiana, o software pode correlacionar padrões de crescimento com variações genéticas, fornecendo informações valiosas sobre a função de genes específicos.

Robôs colaborativos (Cobots)

Os robots colaborativos, ou cobots, são concebidos para trabalhar ao lado dos seres humanos, combinando a precisão da automatização com a flexibilidade do trabalho manual. Estes cobots estão a desempenhar um papel cada vez mais importante nos laboratórios.

Assistência em experiências complexas: Os cobots podem ajudar os investigadores a realizar experiências complexas que exigem um elevado grau de precisão. Por exemplo, um cobot pode ajudar a efetuar microinjecções em células individuais, uma tarefa que requer uma mão extremamente firme e precisa.

Flexibilidade e adaptabilidade: Ao contrário dos robôs

tradicionais, que são programados para executar tarefas específicas, os cobots são altamente adaptáveis e podem ser facilmente reprogramados para executar uma variedade de tarefas. Isto torna-os ideais para ambientes de investigação onde as necessidades podem mudar rapidamente. Por exemplo, um cobot pode ser utilizado num dia para dispensar meios de cultura e no dia seguinte para efetuar análises de imagem. Para ilustrar o impacto destes avanços, considere-se um exemplo prático no domínio da investigação de doenças infecciosas. Num laboratório dedicado ao estudo de agentes patogénicos resistentes a antibióticos, um sistema automatizado pode tratar da preparação de placas de Petri, da sementeira de bactérias, da incubação em condições controladas e da análise dos resultados, tudo sem intervenção humana. Os robôs dispensadores preparam diluições exactas de antibióticos e aplicam-nas nas placas, enquanto as incubadoras automatizadas mantêm as condições ideais para o crescimento bacteriano. No final da experiência, um sistema de análise de imagem capta e analisa os resultados, identificando colónias resistentes e gerando dados para análise posterior. Este nível de automatização não só acelera o processo, como também assegura a consistência e a reprodutibilidade das experiências, elementos cruciais para a investigação científica.

Os avanços na automatização e na robótica aplicada estão a transformar a utilização de placas de Petri na investigação microbiológica. A automatização do manuseamento de amostras, a incubação e monitorização automatizadas, a análise e processamento automatizados de dados e a integração de robôs colaborativos estão a aumentar a eficiência, a precisão e a escalabilidade das experiências, abrindo novas possibilidades para a descoberta e inovação científicas. Estas tecnologias não só aumentam a capacidade dos investigadores para realizarem experiências mais complexas e de maior escala, como também garantem que os resultados são mais exactos e reprodutíveis, fazendo avançar os conhecimentos em microbiologia e biotecnologia.

Integração da inteligência artificial e da análise de dados

A integração da inteligência artificial (IA) e da análise de dados na investigação microbiológica está a revolucionar a utilização das placas de Petri. Estes avanços estão a transformar a forma como os dados microbiológicos são recolhidos, processados e analisados, permitindo descobertas mais rápidas, mais precisas e mais profundas. A IA e a análise de dados não só optimizam a eficiência do laboratório, como também expandem as fronteiras do conhecimento científico.

Automatização da análise de imagens

Um dos avanços mais significativos é a automatização da análise de imagens de placas de Petri com recurso à IA. As colónias microbianas, que anteriormente eram contadas e analisadas manualmente, podem agora ser examinadas com uma precisão e rapidez sem precedentes. Reconhecimento de padrões: Os algoritmos de IA são capazes de reconhecer e classificar colónias microbianas com base na sua morfologia, cor e tamanho. Por exemplo, o software de IA pode analisar uma placa de Petri e distinguir entre colónias de diferentes espécies de bactérias, algo que pode ser difícil mesmo para um perito humano. Isto é particularmente útil em estudos de diversidade microbiana, onde a identificação exacta das espécies é crucial. Quantificação automática: A IA pode contar automaticamente o número de colónias presentes numa placa, eliminando o erro humano e melhorando a reprodutibilidade das experiências. Em estudos de crescimento bacteriano, por exemplo, a IA pode fornecer dados quantitativos precisos sobre a taxa de crescimento e a densidade das colónias, facilitando comparações e análises mais robustas.

Análise preditiva e modelação

A capacidade da IA para realizar análises e modelizações preditivas está a transformar a investigação microbiológica. Os modelos preditivos podem antecipar o comportamento dos microrganismos em diferentes condições, permitindo aos investigadores conceber experiências mais eficientes e direccionadas. Modelos de crescimento microbiano: A IA pode desenvolver modelos complexos que prevêem o crescimento de microrganismos em função de vários parâmetros, como a temperatura, o pH e a disponibilidade de nutrientes. Estes modelos são inestimáveis para otimizar as condições de cultura e maximizar a produtividade em estudos de biotecnologia. Por exemplo, na produção de biocombustíveis, a IA pode ajudar a identificar as condições ideais para o crescimento de microrganismos produtores de etanol. Análise da sensibilidade aos antibióticos: Utilizando grandes volumes de dados históricos, a IA pode prever a forma como diferentes estirpes de bactérias responderão a vários antibióticos. Isto permite uma abordagem mais direccionada no desenvolvimento de novos tratamentos antibacterianos e na luta contra a resistência aos antibióticos. Por exemplo, num hospital, a IA pode analisar dados de infecções anteriores e prever a probabilidade de resistência a determinados antibióticos, orientando assim as decisões terapêuticas.

Big Data e análise ómica

A era dos grandes volumes de dados está a fornecer enormes quantidades de informação que a IA pode processar e analisar para obter conhecimentos profundos. Isto é especialmente relevante nos estudos ómicos, em que a quantidade de dados gerados pode ser avassaladora.

Genómica e metagenómica: Nos estudos genómicos e metagenómicos, a IA pode analisar sequências de ADN para identificar genes, descobrir novas espécies e compreender a estrutura das comunidades microbianas. Por exemplo, na metagenómica de amostras ambientais, a IA pode reunir e anotar genomas completos a partir de sequências fragmentadas, revelando a biodiversidade e as funções ecológicas dos microrganismos presentes. Proteómica e Metabolómica: A IA está também a desempenhar um papel crucial na proteómica e na metabolómica, analisando grandes conjuntos de dados para identificar proteínas e metabolitos e compreender o seu papel nos processos biológicos. Em estudos de doenças, por exemplo, a IA pode identificar biomarcadores de proteínas que distinguem entre tecidos saudáveis e doentes, facilitando o diagnóstico e o desenvolvimento de terapias personalizadas.

Otimização de processos experimentais

A IA está a otimizar os processos experimentais nos laboratórios, desde o planeamento até à execução e análise: A IA pode ajudar na conceção de experiências, optimizando os parâmetros e reduzindo o número de ensaios necessários para obter resultados significativos. Utilizando técnicas como a conceção de experiências (DOE) e a otimização Bayesiana, a IA pode sugerir as condições experimentais mais promissoras, poupando tempo e recursos. Por exemplo, num estudo de otimização de meios de cultura, a IA pode identificar as combinações de nutrientes que maximizam o crescimento celular com o menor custo: A IA pode coordenar e automatizar fluxos de trabalho laboratoriais complexos, integrando diferentes equipamentos e processos. Um sistema de gestão laboratorial alimentado por IA pode programar automaticamente a utilização de equipamento, coordenar a preparação de amostras e garantir que os dados são recolhidos e analisados de forma consistente. Isto é particularmente útil em laboratórios de alto rendimento que lidam com grandes volumes de amostras.

Para ilustrar estes desenvolvimentos futuros, considere-se um laboratório que investiga novas terapias antibióticas. Utilizando a IA, o laboratório pode testar rapidamente a eficácia de diferentes compostos contra estirpes bacterianas resistentes. Um sistema automatizado começa por semear bactérias em placas de Petri e aplica várias concentrações dos compostos. A IA analisa depois as imagens das placas para quantificar o crescimento bacteriano e determinar a eficácia dos tratamentos. Com estes dados, um modelo preditivo pode sugerir modificações nas estruturas químicas dos compostos para melhorar a sua eficácia, acelerando significativamente o processo de desenvolvimento de novos antibióticos.

Integração da IA na vigilância epidemiológica

A IA está também a revolucionar a vigilância epidemiológica e o controlo das doenças. Ao integrar dados de várias fontes, como hospitais, laboratórios e bases de dados públicas, a IA pode identificar surtos de doenças em tempo real e prever a sua propagação: A IA pode analisar dados de casos de doenças e detetar padrões que indicam o início de um surto, permitindo uma resposta rápida e eficaz. Por exemplo, durante uma pandemia, a IA pode acompanhar a propagação da doença e ajudar as autoridades a implementar medidas de contenção mais eficazes. Previsão da propagação da doença: Utilizando modelos epidemiológicos avançados, a IA pode prever a forma como uma doença se irá propagar em diferentes cenários. Isto ajuda os responsáveis pelo planeamento da saúde pública a preparar recursos e a tomar decisões informadas. Na gestão de uma doença infecciosa, por exemplo, a IA pode prever picos de casos e a procura de camas hospitalares, facilitando a atribuição eficiente de recursos médicos.

A integração da inteligência artificial e da análise de dados na investigação microbiológica está a transformar a utilização das placas de Petri. Da análise automatizada de imagens à modelação preditiva e à análise ómica, a IA está a permitir avanços significativos na compreensão e no controlo dos microrganismos. Estes avanços não só melhoram a eficiência e a precisão da investigação, como também abrem novas possibilidades para a descoberta científica e a inovação em microbiologia e biotecnologia. A combinação da IA e da análise de dados está a conduzir a microbiologia a uma nova era de descobertas rápidas e profundas, com um impacto potencialmente transformador na saúde e no bem-estar humanos.

Novos modelos teóricos e conceptuais em microbiologia

A microbiologia está a evoluir rapidamente graças à introdução de novos modelos teóricos e conceptuais que estão a redefinir a nossa compreensão dos microrganismos e das suas interacções com o ambiente. No futuro, a integração destes modelos com a utilização da placa de Petri permitirá avanços significativos em biotecnologia, medicina e ecologia. Este processo de evolução e convergência tecnológica pode ser visualizado em várias fases-chave:

Expansão dos modelos de ecologia microbiana

Num futuro próximo, os modelos de ecologia microbiana serão aplicados com maior precisão para compreender as interacções complexas entre diferentes espécies microbianas e o seu ambiente. Por exemplo, os modelos de redes alimentares microbianas serão fundamentais para manipular os microbiomas, melhorar a saúde dos solos e aumentar a produtividade agrícola. A placa de Petri permitirá o isolamento e o estudo das relações alimentares entre diferentes microrganismos, facilitando a realização de experiências para validar estas teias alimentares.

Avanços na compreensão das interacções microbianas

Ao integrar modelos de competição e cooperação, os cientistas poderão decifrar a forma como as bactérias competem por recursos limitados e desenvolvem relações simbióticas. A placa de Petri continuará a ser uma ferramenta crucial para estudar estes fenómenos in vitro, proporcionando um ambiente controlado para observar e analisar em pormenor as interacções microbianas.

Evolução microbiana e resistência aos antibióticos

Num futuro próximo, os modelos de evolução adaptativa e de transferência horizontal de genes (HGT) serão essenciais para compreender e prever a evolução da resistência aos antibióticos. A placa de Petri desempenhará um papel vital nestes estudos, permitindo aos cientistas observar diretamente a forma como as populações microbianas evoluem sob diferentes stresses ambientais, como a exposição a antibióticos.

Otimização Metabólica e Bioenergética

Os modelos de redes metabólicas e de bioenergética melhorarão a nossa compreensão da forma como os microrganismos obtêm e utilizam a energia. Nos laboratórios do futuro, a placa de Petri será utilizada para experimentar condições de cultura específicas, optimizando a produção de biocombustíveis e outros compostos de interesse biotecnológico.

Modelos aplicados ao microbiota humano

Para o microbiota intestinal humano, os modelos de ecologia e evolução microbiana ajudarão a compreender como a dieta e os antibióticos afectam a composição e a função do microbiota.

Com a placa de Petri, os investigadores poderão cultivar e estudar os micróbios intestinais em condições controladas, facilitando o desenvolvimento de probióticos e prebióticos com base em dados exactos e modelados.

A complexidade dos sistemas microbianos exigirá a integração de dados experimentais com modelos teóricos. Este desafio será enfrentado através de abordagens interdisciplinares que combinem a biologia, a matemática, a informática e a engenharia. A placa de Petri continuará a ser uma ferramenta indispensável, facilitando a experimentação e a validação de modelos que permitam aos cientistas navegar com maior precisão no vasto universo microbiano.

A microbiologia está a evoluir rapidamente graças à introdução de novos modelos teóricos e conceptuais que estão a redefinir a nossa compreensão dos microrganismos e das suas interacções com o ambiente. Estes modelos não só alargam os conhecimentos básicos, como também têm aplicações práticas em biotecnologia, medicina e ecologia. Com a utilização da placa de Petri, estes modelos podem ser validados e explorados experimentalmente, oferecendo uma ferramenta poderosa para fazer avançar vários domínios do conhecimento microbiológico.

Modelos evolutivos: Redes Evolutivas

Os modelos de Transferência Horizontal de Genes (HGT) explicam como os genes podem ser transferidos entre diferentes espécies microbianas, acelerando a evolução. Na placa de Petri, este fenómeno pode ser estudado observando a transferência de genes de resistência a antibióticos entre bactérias. Os modelos filogenómicos utilizam dados genómicos para construir árvores filogenéticas e compreender as relações evolutivas entre microrganismos. As placas de Petri permitem o isolamento e a sequenciação de diferentes estirpes bacterianas, facilitando a recolha de dados para estes modelos. As redes de coevolução estudam o modo como as interacções evolutivas entre diferentes espécies microbianas e os seus hospedeiros afectam a evolução, e podem ser exploradas na placa de Petri através da co-cultura de microrganismos e células hospedeiras.

Modelos de dinâmica populacional

Os modelos de competição e os modelos predador-presa são fundamentais para compreender a dinâmica ecológica microbiana. Por exemplo, as interacções entre bactérias predadoras e as suas presas podem ser observadas em tempo real numa placa de Petri, fornecendo dados valiosos para validar estes modelos.

Modelos teórico-matemáticos

Os modelos de dinâmica populacional, utilizando equações diferenciais ordinárias (EDO) e equações de diferença, permitem modelar o crescimento e a interação de populações microbianas. A placa de Petri é essencial para a realização de experiências que fornecem os dados necessários para alimentar estes modelos. Os modelos de teoria dos jogos, como os jogos evolutivos e os dilemas do prisioneiro, aplicados à microbiologia, permitem estudar estratégias evolutivas estáveis, como a cooperação e a competição. Estes modelos são validados por observações do comportamento microbiano em ambientes controlados de placas de Petri.

Modelos de redes complexas

A Análise de Redes de Interação e as Redes de Co-Ocorrência estudam as interacções complexas entre diferentes espécies microbianas numa comunidade. A placa de Petri permite o isolamento e a observação detalhada destas interacções à microescala, proporcionando uma plataforma ideal para validar estes modelos.

Modelos ecológicos

Os Modelos de Metacomunidades e os Modelos de Ecofisiologia exploram a dinâmica das populações microbianas distribuídas em diferentes habitats e a sua participação nos ciclos biogeoquímicos. As placas de Petri, ao simularem diferentes condições ambientais, permitem observar como as comunidades microbianas respondem a alterações no seu ambiente.

Modelos Metabólicos e Bioenergéticos

Os Modelos de Análise do Balanço de Fluxos (FBA) e os Modelos Bioenergéticos analisam o comportamento metabólico e a eficiência energética dos microrganismos. A placa de Petri é utilizada para cultivar microrganismos em diferentes condições, permitindo a recolha de dados experimentais necessários para estes modelos.

Modelos de interacções microbianas

Os modelos de deteção de quorum explicam como os microrganismos utilizam sinais químicos para coordenar actividades de grupo e podem ser estudados através de observações da comunicação microbiana em placas de Petri. Os modelos de simbiose, que descrevem interacções mutualistas e parasitárias, também podem ser investigados utilizando co-culturas em placas de Petri.

Modelos de sistemas de resiliência

Os modelos de resistência a antibióticos e de resistência a biofilmes são essenciais para compreender como as bactérias desenvolvem e mantêm a resistência. A placa de Petri permite o estudo da formação de biofilmes e a disseminação de genes de resistência em condições controladas.

Modelos de interacções homem-micróbio

Os Modelos de Microbiota Humana e os Modelos de Infeção e Patogénese analisam as interacções entre os microrganismos e o hospedeiro humano. As placas de Petri são cruciais para a cultura e estudo de micróbios em condições que simulam o ambiente humano, fornecendo dados para estes modelos. A futura integração destes modelos teóricos e conceptuais com a utilização da placa de Petri promete revolucionar a nossa compreensão dos microrganismos. Estes modelos avançados estão a proporcionar novas formas de compreender e prever o comportamento dos microrganismos e estão a impulsionar inovações em áreas como a biotecnologia, a medicina e a ecologia. À medida que estes modelos continuam a evoluir, continuarão a desempenhar um papel crucial na expansão dos nossos conhecimentos e na aplicação prática da microbiologia. A placa de Petri continuará a ser uma ferramenta indispensável, facilitando a experimentação e a validação de modelos que permitem aos cientistas navegar com maior exatidão no vasto universo microbiano.

Explorar o microbiota humano e a sua relação com a saúde

A placa de Petri tem sido e continua a ser uma ferramenta fundamental na investigação do microbioma e na exploração do microbiota humano, especialmente quando combinada com tecnologias "ómicas" como a genómica, a metagenómica, a transcriptómica e a proteómica. Estas disciplinas permitem a análise exaustiva de microrganismos presentes em amostras biológicas, incluindo as obtidas do microbiota humano, como fezes, saliva, pele e outros tecidos. A exploração do microbioma humano revelou uma rede fascinante de microrganismos que coexistem no nosso corpo, desempenhando papéis fundamentais na saúde e na doença. A placa de Petri é utilizada nesta investigação para cultivar e analisar microrganismos a nível individual, proporcionando uma compreensão pormenorizada da sua fisiologia, metabolismo e comportamento. Por exemplo, as culturas bacterianas obtidas a partir de amostras de fezes podem ser cultivadas em placas de Petri e depois analisadas para identificar e caraterizar as espécies presentes, a sua abundância relativa e as suas capacidades metabólicas. A metagenómica, por exemplo, sequencia o ADN presente numa amostra, tornando possível identificar não só as bactérias cultiváveis na placa de Petri, mas também os microrganismos que não podem ser cultivados em condições laboratoriais. Isto permite obter uma imagem mais completa e exacta da diversidade microbiana presente no corpo humano. A exploração do microbiota humano e da sua relação com a saúde revelou ligações importantes entre a composição microbiana e uma variedade de condições médicas, desde doenças gastrointestinais, como a síndrome do intestino irritável, a perturbações metabólicas, como a obesidade e a diabetes. A placa de Petri desempenha um papel essencial nesta investigação, permitindo o cultivo e a análise de microrganismos específicos associados a diferentes estados de saúde ou de doença. Por exemplo, as placas de Petri podem ser utilizadas para isolar e cultivar bactérias específicas suspeitas de estarem envolvidas numa determinada doença. Os estudos de sequenciação podem então ajudar a caraterizar geneticamente estas bactérias e a compreender melhor as suas funções e efeitos no corpo humano. Isto pode levar ao desenvolvimento de novas terapias que visem especificamente o microbiota, como os probióticos e os prebióticos, que podem modular a composição microbiana para promover a saúde. A placa de Petri desempenha um papel central na investigação do microbioma e na exploração do microbiota humano, permitindo a cultura, o isolamento e a análise pormenorizada de microrganismos. Quando combinada com tecnologias "ómicas", fornece informações valiosas sobre a diversidade microbiana e o seu impacto na saúde humana. A placa de Petri tem sido e continua a ser uma ferramenta fundamental na investigação do microbioma e na exploração do microbiota humano, especialmente quando combinada com tecnologias "ómicas" como a genómica, a metagenómica, a transcriptómica e a proteómica. Estas disciplinas permitem a análise exaustiva de microrganismos presentes em amostras biológicas, incluindo as obtidas do microbiota humano, como fezes, saliva, pele e outros tecidos. A exploração do microbioma humano revelou uma rede fascinante de microrganismos que coexistem no nosso corpo, desempenhando papéis fundamentais na saúde e na doença. A placa de Petri é utilizada nesta investigação para cultivar e analisar microrganismos a nível individual, proporcionando uma compreensão pormenorizada da sua fisiologia, metabolismo e comportamento. Por exemplo, as culturas bacterianas obtidas a partir de amostras fecais podem ser cultivadas em placas de Petri e depois analisadas para identificar e caraterizar as espécies presentes, a sua abundância relativa e as suas capacidades metabólicas. Além disso, a combinação da placa de Petri com técnicas de sequenciação de nova geração tornou possível estudar o microbioma humano de uma forma abrangente. A metagenómica, por exemplo, sequencia o ADN presente numa amostra, tornando possível identificar não só as bactérias cultiváveis na placa de Petri, mas também os microrganismos que não podem ser cultivados em condições laboratoriais. A exploração do microbiota humano e da sua relação com a saúde revelou ligações importantes entre a composição microbiana e uma variedade de condições médicas, desde doenças gastrointestinais, como a síndrome do intestino irritável, a perturbações metabólicas, como a obesidade e a diabetes. A placa de Petri desempenha um papel essencial nesta investigação, permitindo o cultivo e a análise de microrganismos específicos associados a diferentes estados de saúde ou doença. Por exemplo, as placas de Petri podem ser utilizadas para isolar e cultivar bactérias específicas suspeitas de estarem envolvidas numa determinada doença. Os estudos de sequenciação podem então ajudar a caraterizar geneticamente estas bactérias e a compreender melhor as suas funções e efeitos no corpo humano. Isto pode levar ao desenvolvimento de novas terapias que visem especificamente o microbiota, como os probióticos e os prebióticos, que podem modular a composição microbiana para promover a saúde. A placa de Petri desempenha um papel central na investigação do microbioma e na exploração do microbiota humano, permitindo a cultura, o isolamento e a análise pormenorizada de microrganismos. Quando combinada com tecnologias "ómicas", fornece informações valiosas sobre a diversidade microbiana e o seu impacto na saúde humana. Isto abre novas vias para o desenvolvimento de terapias e tratamentos destinados a modular o microbiota para melhorar a saúde e prevenir doenças.

Potencial em medicina regenerativa e terapia celular

A placa de Petri continua a ser uma ferramenta indispensável na investigação biomédica, especialmente no contexto das novas tendências e potencialidades da medicina regenerativa e da terapia celular. A sua versatilidade e facilidade de utilização tornam-na inestimável para a cultura e manipulação de células, bem como para a observação do seu comportamento em ambientes controlados. No domínio da medicina regenerativa, a placa de Petri é utilizada para cultivar e expandir células estaminais, um passo crucial na produção de tecidos e órgãos para transplante. As células estaminais podem ser cultivadas em placas de Petri juntamente com factores de crescimento e outros componentes necessários para a sua diferenciação em tipos específicos de células. Isto permite a geração de tecidos funcionais que podem ser utilizados para reparar ou substituir tecidos danificados em doentes com doenças degenerativas, lesões traumáticas ou defeitos congénitos.

Além disso, a placa de Petri é fundamental para a investigação e o desenvolvimento de terapias celulares, que envolvem a administração de células vivas para tratar doenças. Por exemplo, no domínio da imunoterapia contra o cancro, as células imunitárias podem ser cultivadas em placas de Petri, geneticamente modificadas para aumentar a sua capacidade de reconhecer e destruir as células cancerígenas, e depois administradas aos doentes. A placa de Petri facilita a expansão e a manipulação destas células, bem como a monitorização da sua viabilidade e função antes da administração.

Além disso, na terapia celular, a placa de Petri é utilizada para avaliar a eficácia e a segurança de novas terapias celulares em modelos pré-clínicos. Por exemplo, as células geneticamente modificadas podem ser cultivadas em placas de Petri e depois transplantadas para modelos animais para estudar a sua eficácia na regeneração de tecidos ou na supressão de doenças. Isto permite que as terapias celulares sejam optimizadas antes da sua aplicação em ensaios clínicos em humanos. A placa de Petri é também crucial na investigação da medicina regenerativa e da terapia celular para compreender melhor os mecanismos subjacentes à regeneração dos tecidos e à resposta imunitária. Por exemplo, as células estaminais cultivadas em placas de Petri podem ser sujeitas a diferentes condições de stress ou estímulos para estudar a forma como respondem e se diferenciam em diferentes tipos de células. Isto fornece informações valiosas sobre os processos biológicos envolvidos na regeneração e reparação dos tecidos.

Novas tendências e potencialidades na medicina regenerativa e na terapia celular, facilitando a cultura, expansão e manipulação de células, bem como a investigação dos mecanismos subjacentes à regeneração dos tecidos e à resposta imunitária. A sua utilização contínua em combinação com outras tecnologias inovadoras está a impulsionar avanços significativos no domínio da medicina regenerativa e da biologia, com o objetivo final de melhorar a saúde e a qualidade de vida dos doentes.

Desafios éticos e regulamentares na microbiologia de investigação

À medida que avançamos na investigação microbiológica utilizando a placa de Petri, surgem desafios éticos que devem ser abordados para garantir que esta é efectuada de forma responsável e respeitadora. Estes desafios éticos são cruciais para manter um equilíbrio entre o progresso científico e o respeito pelos direitos e valores humanos. Alguns dos desafios éticos que se colocam à investigação microbiológica utilizando a placa de Petri incluem:

Manipulação genética: Com o advento de tecnologias como a edição de genes, como a CRISPR-Cas9, existem preocupações éticas sobre a modificação genética de microrganismos para vários fins, como a criação de organismos geneticamente modificados (OGM) ou a alteração de agentes patogénicos para aumentar a sua virulência. É essencial estabelecer regulamentos e normas claros para orientar a investigação neste domínio e garantir que esta é realizada de forma ética e segura. Bioterrorismo e biossegurança: A utilização indevida de microrganismos para fins maliciosos coloca desafios éticos significativos na investigação microbiológica. A placa de Petri, enquanto instrumento fundamental no estudo dos microrganismos, pode ser utilizada de forma inadequada para desenvolver armas biológicas ou causar danos deliberados, pelo que é necessário aplicar medidas rigorosas de biossegurança e promover a sensibilização para os riscos associados à investigação microbiológica.

Privacidade e consentimento: Na investigação que envolve amostras biológicas humanas, como o estudo do microbiota humano, é crucial respeitar a privacidade e obter o consentimento informado dos participantes. Isto implica garantir a confidencialidade da informação genética e microbiológica dos indivíduos, bem como obter o seu consentimento para a utilização das suas amostras para fins de investigação. A placa de Petri é utilizada neste contexto para cultivar e analisar microrganismos presentes em amostras biológicas humanas, o que realça a importância de abordar estas questões éticas de forma adequada. Equidade e acesso: O acesso equitativo aos benefícios da investigação microbiológica é outro desafio ético importante. É essencial garantir que os avanços científicos e as terapias desenvolvidas a partir da investigação em placas de Petri estejam disponíveis e acessíveis a todas as pessoas, independentemente do seu contexto socioeconómico ou geográfico. Isto requer uma abordagem ética da afetação de recursos e a promoção da equidade no acesso aos cuidados. Impacto ambiental: A investigação microbiológica pode também ter um impacto significativo no ambiente, especialmente em termos da libertação de microrganismos geneticamente modificados ou da utilização excessiva de antibióticos que podem contribuir para a resistência bacteriana. É essencial considerar os potenciais impactos ambientais da investigação e tomar medidas para atenuar quaisquer efeitos negativos nos ecossistemas naturais.

A abordagem efectiva destes desafios éticos exigirá a colaboração entre cientistas, reguladores, decisores políticos e a sociedade em geral. É essencial promover uma cultura de responsabilidade ética na investigação microbiológica e garantir que esta é conduzida de forma transparente, respeitando os princípios éticos fundamentais e protegendo o bem-estar humano e ambiental.Os desafios regulamentares na investigação microbiológica que utiliza a placa de Petri são diversos e complexos, desde a biossegurança à proteção da saúde humana e do ambiente. Alguns destes desafios são apresentados em pormenor a seguir: Nível de biossegurança: A investigação microbiológica com a placa de Petri envolve frequentemente a manipulação de microrganismos que podem representar riscos para a saúde humana e o ambiente. É crucial classificar corretamente os microrganismos de acordo com a sua patogenicidade e nível de risco, e aplicar protocolos de segurança de acordo com os níveis de biossegurança estabelecidos pelas autoridades reguladoras.

Manipulação genética: A utilização de técnicas de engenharia genética, como a modificação genética de microrganismos, coloca desafios regulamentares em termos de segurança e ética. É necessário estabelecer regulamentos claros que regulem a manipulação genética de microrganismos e garantir o cumprimento das normas de biossegurança e bioética na investigação.

Controlo da qualidade dos meios de cultura: Os meios de cultura utilizados na placa de Petri devem cumprir normas de qualidade rigorosas para garantir resultados exactos e reprodutíveis. Os desafios regulamentares incluem a normalização dos componentes dos meios, a deteção e prevenção da contaminação microbiana e a verificação da eficácia dos meios no crescimento e diferenciação de microrganismos. Resistência antimicrobiana: A utilização excessiva e inadequada de antibióticos na investigação microbiológica pode contribuir para o desenvolvimento e a propagação da resistência antimicrobiana. São necessários regulamentos para promover a utilização responsável de antibióticos na investigação e para incentivar o desenvolvimento de estratégias alternativas para o controlo de microrganismos patogénicos. Preservação de amostras biológicas: A preservação adequada das amostras biológicas utilizadas na investigação microbiológica é fundamental para garantir a sua integridade e utilidade a longo prazo. Os desafios regulamentares incluem o estabelecimento de protocolos normalizados para a recolha, processamento, armazenamento e transporte de amostras biológicas, bem como a gestão ética e legal da informação associada a essas amostras. Proteção do ambiente: A investigação microbiológica comporta o risco de libertação acidental de microrganismos geneticamente modificados ou de outros agentes biológicos que podem ter impactos negativos no ambiente. São necessários regulamentos para atenuar estes riscos e promover práticas ambientalmente sustentáveis na investigação microbiológica. A resolução destes desafios regulamentares exigirá uma colaboração estreita entre investigadores, instituições académicas, agências governamentais de regulamentação e a comunidade científica em geral. É essencial desenvolver quadros regulamentares sólidos e flexíveis que promovam a investigação científica de ponta, protegendo simultaneamente a segurança e o bem-estar da sociedade e do ambiente.

Perspectivas sobre o futuro da placa de Petri e da microbiologia

Ao olharmos para o futuro da placa de Petri e da microbiologia, estão no horizonte avanços extraordinários que poderão transformar radicalmente a nossa compreensão e aplicação da microbiologia. Com o progresso contínuo da tecnologia e do conhecimento científico, prevê-se uma perspetiva fascinante e promissora:
Bioimpressão de microrganismos: Espera-se que a bioimpressão de microrganismos em placas de Petri permita a criação de estruturas microbianas tridimensionais com uma precisão sem precedentes. Isto revolucionaria domínios como a biologia sintética e a engenharia de tecidos, abrindo novas possibilidades na produção de biocombustíveis, no fabrico de medicamentos e na regeneração de tecidos.
Nanotecnologia microbiana: A integração da nanotecnologia em placas de Petri poderá conduzir a sensores microbianos ultra-sensíveis capazes de detetar e responder a alterações ambientais mínimas. Estes sensores poderão ter aplicações na deteção precoce de doenças, na monitorização ambiental e no controlo da qualidade dos alimentos.Computação microbiana: Está previsto o desenvolvimento de sistemas de computação baseados em microrganismos cultivados em placas de Petri. Estes sistemas poderiam aproveitar a capacidade dos microrganismos para processar informação e efetuar cálculos de forma eficiente, abrindo novas vias na computação biológica

e na inteligência distribuída. Síntese microbiana avançada: Prevê-se que a engenharia genética e a síntese de ADN permitam a criação de microrganismos especificamente concebidos para executar tarefas complexas, como a síntese de compostos químicos ou a degradação de poluentes ambientais. Estes avanços poderão revolucionar a indústria, a agricultura e a biotecnologia ambiental: Com o aumento da exploração espacial, prevê-se que as placas de Petri sejam utilizadas como ferramentas fundamentais para investigar a presença e a atividade de microrganismos noutros planetas e corpos celestes. Isto poderá fornecer informações cruciais sobre a origem da vida e as possibilidades de habitabilidade no universo.Terapia microbiana personalizada: Espera-se que os avanços na sequenciação genómica e na análise de dados conduzam ao desenvolvimento de terapias microbianas personalizadas baseadas no microbioma de cada indivíduo. Estas terapias poderão ser utilizadas para tratar uma vasta gama de doenças, desde perturbações metabólicas a doenças auto-imunes e cancro. Simulação microbiana preditiva: A integração de modelos computacionais avançados com dados experimentais de placas de Petri poderia permitir uma simulação exacta e preditiva de comunidades microbianas complexas. Tal facilitaria a compreensão da dinâmica microbiana em diversos ambientes e a conceção de intervenções terapêuticas e ambientais mais eficazes. Inteligência artificial para análise microbiana: Espera-se que os algoritmos de inteligência artificial treinados em grandes conjuntos de dados microbiológicos melhorem significativamente a capacidade de analisar e prever fenómenos microbianos em placas de Petri. Isto aceleraria a descoberta de medicamentos, a engenharia do microbioma e a compreensão da biodiversidade microbiana: Espera-se que os microchips de cultura microbiana, que integram múltiplas câmaras de cultura num substrato de silício, substituam as placas de Petri convencionais. Estes dispositivos permitirão a análise paralela de milhares de amostras microbianas com maior precisão e eficiência.Sistemas de cultura 3D: Os sistemas de cultura tridimensionais, que imitam melhor a arquitetura celular natural, permitirão a cultura de microrganismos em ambientes mais realistas, o que facilitará a investigação sobre interacções microbianas complexas e o desenvolvimento de terapias regenerativas avançadas. Bioimpressão microbiana: A tecnologia de bioimpressão permitirá a impressão tridimensional de estruturas microbianas complexas, abrindo novas possibilidades na engenharia de tecidos microbianos e na produção de bioprodutos personalizados.

Sensores integrados: Espera-se que as placas de Petri do futuro estejam equipadas com sensores integrados que monitorizam continuamente variáveis-chave como o pH, a temperatura, o oxigénio e as concentrações de nutrientes, fornecendo dados em tempo real sobre o crescimento e a atividade microbiana.

Análise ómica integrada: A integração de múltiplas técnicas ómicas, como a genómica, a proteómica, a metabolómica e a metagenómica, na análise de amostras microbianas permitirá uma compreensão mais completa da diversidade e função microbianas em diversos ambientes: A modelação preditiva baseada na inteligência artificial e na aprendizagem automática permitirá uma previsão exacta da dinâmica da comunidade microbiana em resposta a alterações ambientais, facilitando a engenharia de microbiomas personalizados e a otimização dos processos biotecnológicos.

Nanotecnologia aplicada: A nanotecnologia aplicada às placas de Petri permitirá a construção de nanomateriais funcionais que interagem especificamente com microrganismos, facilitando a deteção, o diagnóstico e o tratamento de doenças infecciosas.

Criptografia quântica para a segurança dos dados: Num futuro próximo, a criptografia quântica será aplicada à segurança dos dados microbiológicos para garantir a integridade e a confidencialidade das informações geradas a partir de experiências com placas de Petri, especialmente no contexto da biossegurança e da proteção biológica.

Nanobots microbianos programáveis: Serão desenvolvidos nanobots microbianos programáveis capazes de manipular células individuais em placas de Petri. Estes nanobots serão capazes de executar tarefas específicas, como a administração de medicamentos com objectivos específicos ou a modificação genética precisa de microrganismos. Biorreactores microfluídicos em miniatura: Biorreactores microfluídicos em miniatura integrados em placas de Petri permitirão a simulação de microambientes complexos e a monitorização em tempo real de interacções microbianas a uma escala sem precedentes: Serão desenvolvidos sistemas de realidade aumentada que permitirão aos investigadores visualizar e manipular amostras microbianas em placas de Petri de uma forma tridimensional e colaborativa, melhorando a compreensão e a comunicação científica.

Edição de genes em tempo real: A edição de genes em tempo real será implementada dentro de placas de Petri, permitindo a modificação precisa de genomas microbianos enquanto se observa a sua resposta em tempo real, revolucionando a engenharia genética e a biologia sintética.

Cultivo de microrganismos extraterrestres: As placas de Petri serão adaptadas para o cultivo de microrganismos em ambientes extraterrestres simulados, permitindo a investigação em microbiologia espacial e a procura de vida noutros planetas.

Bioimpressão de órgãos microbianos: Utilizando técnicas avançadas de bioimpressão, será possível imprimir órgãos microbianos inteiros em placas de Petri, que poderão ser utilizados para estudar a interação entre microrganismos e tecidos humanos num ambiente controlado.

Interface cérebro-micróbio: Serão desenvolvidas interfaces cérebro-micróbio para permitir a comunicação bidirecional entre o cérebro humano e as comunidades microbianas em placas de Petri, o que poderá ter aplicações em neurociência e medicina regenerativa. Teletransporte quântico de amostras: As tecnologias de teletransporte quântico serão exploradas para transferir instantaneamente amostras microbianas entre placas de Petri localizadas em diferentes partes do mundo, facilitando a colaboração científica à escala global. Estes avanços representam uma visão futurista da forma como a placa de Petri e a microbiologia poderão evoluir num futuro distante, impulsionando a investigação científica para novas fronteiras de descoberta e compreensão do mundo microbiano.

REFERÊNCIAS BIBLIOGRÁFICAS

1. Petri JR. Eine Kleine Modification Des Koch'Schen Plattenverfahrens (tradução inglesa, Braus, 2020) (Internet). 1887 (citado em 21 de março de 2024). Disponível em: http://archive.org/details/1887-petri-eine-kleine- modification-des-koch-schen-plattenverfahrens-2020-braus-

2. Rish. The Biomedical Scientist. 2017 (citado em 22 de março de 2024). A grande história: a placa de Petri. Disponível em: https://thebiomedicalscientist.net/science/big-story-petri-dish

3. Cantón R, Loza E, Romero J. (Aplicabilidade de novas técnicas de diagnóstico em microbiologia; inovação tecnológica). Rev Espanola Quimioter Publicacion Of Soc Espanola Quimioter. setembro 2015;28 Suppl 1:5-7.

4. Shama G. A placa de "Petri": Um Caso de Invenção Simultânea em Bacteriologia. Endeavour. março de 2019;43(1-2):11-6.

5. Sánchez-Lera RM, Pérez-Vázquez IA. Pasteur e Koch: os pais da microbiologia. 16 Abr. 2022;61(283):1-7.

6. Mahajan M. Etimologia: Placa de Petri. Emerg Infect Dis. Jan 2021;27(1):261.

7. da Silva JAT. A deturpação da placa de Petri, como placa de "petri", na literatura científica. Stud Hist Sci. 2023;(22):611-26.

8. Julius Richard Petri (1852-1921) (Internet). (citado em 22 de março de 2024). Disponível em: https://www.historiadelamedicina.org/petri.html

9. Sauka DH. Julius Richard Petri: O criador das placas que usamos todos os dias. abril de 2011 (citado em 22 de março de 2024); Disponível em: https://ri.conicet.gov.ar/handle/11336/192126

10. Koch R. Zur Untersuchung von pathogenen Organismen. Norddeutschen Buchdruckerei und Verlagsanstalt; 1881. 82 p.

11. Cornil V, Babeș V. Les bactéries et leur role dans l'anatomie et l'histologie pathologiques des maladies infectieuses. Germer Bailliere et cie.; 1886. 964 p.

12. Worboys M. Robert Koch: uma vida em medicina e bacteriologia. Med Hist. julho de 1990;34(3):347-8.

13. Dehnhardt WL. Uma história pessoal das bactérias (Internet). RIL editores; 2007 (citado em 12 de abril de 2024).

14. Friedman M, Friedland GW. Medicine's 10 greatest discoveries (Internet). Yale University Press; 1998 (citado em 12 de abril de 2024).

15. Furones MD. Amostragem para testes de sensibilidade antimicrobiana: uma consideração prática. Aquaculture. 15 de maio de 2001;196(3):303-9.

16. van Belkum A, Burnham CAD, Rossen JWA, Mallard F, Rochas O, Dunne WM. Sistemas inovadores e rápidos de teste de suscetibilidade antimicrobiana. Nat Rev Microbiol. maio de 2020;18(5):299-311.

17. Atlas RM. Handbook of media for environmental microbiology (Internet). CRC press; 2005 (citado em 12 de abril de 2024). Disponível em: https://www.taylorfrancis.com/books/mono/10.1201/9781420037 487/ha ndbook-media-environmental-microbiology-ronald-atlas.

18. Adams MR, Moss MO. Food microbiology (Internet). Royal Society of Chemistry; 2000 (citado em 12 de abril de 2024).

19. Gilmore BF, Denyer SP. Hugo and Russell's pharmaceutical microbiology (Internet). John Wiley & Sons; 2023 (citado em 12 de abril de 2024).

20. Grote M. Placa de Petri versus coluna de Winogradsky: uma perspetiva de longa duração sobre pureza e diversidade em microbiologia, 1880-1980. Hist Philos Life Sci. 29 de novembro de 2017;40(1):11.

21. História da placa de Petri - PHOENIX BIOMEDICAL PRODUCTS (Internet). (citado em 14 de abril de 2024). Disponível em: https://phoenix- biomed.com/history-of-the-petri-dish/

22. Mangiarotti A, Caretta G, Nelli E, Piontelli E. Biodeterioração de materiais plásticos por microfungos. Bol Micologico. 1 de janeiro de 1994;9:39-47.

23. Sneath PHA, Stevens M. A Divided Petri Dish for Use with Multipoint Inoculators. J Appl Bacteriol. 1967;30(3):495-7.

24. Ingham CJ, van den Ende M, Pijnenburg D, Wever PC, Schneeberger PM. Crescimento e análise multiplexada de microrganismos num chip inorgânico subdividido, altamente poroso, fabricado a partir de anopore. Appl Environ Microbiol. Dez 2005;71(12):8978-81.

25. Cooper WG. Uma Placa de Petri de Plástico Modificada para Culturas de Células e Tecidos. Proc Soc Exp Biol Med. 1 de abril de 1961;106(4):801-3.

26. Bolafi A, Litsky W. STUDIES ON THE USE OF PLASTIC PETRI DISHES J Food Prot. 1 de março de 1959;22(3):67-70.

27. Reeder JC, Shakespeare AP, Bryan C, Keaney MG, Ganguli LA. Comparação de placas de Petri de três compartimentos e placas individuais para cultura de rotina de esfregaços vaginais. J Clin Pathol. Nov 1990;43(11):947-9.

28. Sridhar A, de Boer HL, van den Berg A, Le Gac S. Placas de Petri microestampadas para análise de microscopia eletroquímica de varrimento de matrizes de microtecidos. PloS One. 2014;9(4):e93618.

29. Lovelace TE, Colwell RR. Um inoculador multiponto para placas de Petri. Appl Microbiol. junho de 1968;16(6):944-5.

30. Tiam Kapen P, Fotsing Kwetche PR, Youssoufa M, Kayo Mbomda WC, Ketchogue RM, Ganwo Dongmo S. Um

inoculador multiponto automático para a determinação das concentrações inibitórias mínimas (CIM) de antibióticos em países de baixos rendimentos: uma nota técnica. Australas Phys Eng Sci Med. Dez 2019;42(4):905-12.

31. Uber DC, Jaklevic JM, Theil EH, Lishanskaya A, McNeely MR. Application of robotics and image processing to automated colony picking and arraying. BioTechniques. novembro de 1991;11(5):642-7.

32. Cooper JM. Towards electronic Petri dishes and picolitre-scale single-cell technologies (Rumo a placas de Petri electrónicas e tecnologias unicelulares à escala do picolitro). Trends Biotechnol. junho de 1999;17(6):226-30.

33. Antonios K, Croxatto A, Culbreath K. Estado atual da automatização laboratorial no laboratório de microbiologia clínica. Clin Chem. 1 de janeiro de 2022;68(1):99-114.

34. Burckhardt I. Automação laboratorial em microbiologia clínica. Bioengenharia. dezembro de 2018;5(4):102.

35. Croxatto A, Prod'hom G, Faverjon F, Rochais Y, Greub G. Automação laboratorial em bacteriologia clínica: que sistema escolher? Clin Microbiol Infect. Mar 1, 2016;22(3):217-35.

36. Bourbeau PP, Ledeboer NA. Automatização em microbiologia clínica. J Clin Microbiol. 21 de dezembro de 2020;51(6):1658-65.

37. Novak SM, Marlowe EM. Automatização no laboratório de microbiologia clínica. Clin Lab Med. setembro de 2013;33(3):567-88.

38. Jacot D, Sarton-Lohéac G, Coste AT, Bertelli C, Greub G, Prod'hom G, et al. Avaliação do desempenho do Becton Dickinson KiestraTM IdentifA/SusceptA. Clin Microbiol Infect. 1 de agosto de 2021;27(8):1167.e9-1167.e17.

39. Gao J, Chen Q, Peng Y, Jiang N, Shi Y, Ying C. Sistema automatizado Copan Walk Away Specimen Processor (WASP)

para deteção de agentes patogénicos em amostras do aparelho reprodutor feminino. Front Cell Infect Microbiol (Internet). 17 de novembro de 2021 (citado em 7 de abril de 2024); 11. Disponível em: https://www.frontiersin.org/articles/10.3389/fcimb.2021.770367

40. Croxatto A, Dijkstra K, Prod'hom G, Greub G. Comparação da inoculação com os sistemas automatizados InoqulA e WASP com a inoculação manual. J Clin Microbiol. julho de 2015;53(7):2298-307.

41. Baker J, Timm K, Faron M, Ledeboer N, Culbreath K. Digital Image Analysis for the Detection of Group B Streptococcus from ChromID Strepto B Medium Using PhenoMatrix Algorithms. J Clin Microbiol. 17 de dezembro de 2020;59(1):e01902-19.

42. Jones D, Cundell T. Method Verification Requirements for an Advanced Imaging System for Microbial Plate Count Enumeration (Requisitos de verificação do método para um sistema avançado de imagiologia para contagem de placas microbianas). PDA J Pharm Sci Technol. 1 de março de 2018;72(2):199-212.

43. Strauss S, Bourbeau PP. Impacto da introdução do BD Kiestra InoqulA nos resultados da cultura de urina num laboratório de microbiologia clínica de um hospital. J Clin Microbiol. maio de 2015;53(5):1736-40.

44. Graham M, Tilson L, Streitberg R, Hamblin J, Korman TM. Padronização melhorada e potencial para reduzir o tempo de obtenção de resultados com a automatização laboratorial total BD KiestraTM de culturas de urina precoces: Uma comparação prospetiva com o processamento manual. Diagn Microbiol Infect Dis. setembro de 2016;86(1):1-4.

45. Cherkaoui A, Renzi G, Martischang R, Harbarth S, Vuilleumier N, Schrenzel J. Impact of Total Laboratory Automation on Turnaround Times for Urine Cultures and Screening Specimens for MRSA, ESBL, and VRE Carriage:

Retrospective Comparison With Manual Workflow. Front Cell Infect Microbiol. 2020;10:552122.

46. Kempner ME, Felder RA. Uma revisão da automatização da cultura de células. JALA J Assoc Lab Autom. 1 de abril de 2002;7(2):56-62.

47. Lin E, Liu E, Pan M, Reyes K. Máquina de enchimento de placas de Petri automatizada. abril de 2023 (citado em 14 de abril de 2024); Disponível em: http://deepblue.lib.umich.edu/handle/2027.42/177464

48. Marotz J, Lübbert C, Eisenbeiß W. Effective object recognition for automated counting of colonies in Petri dishes (automated colony counting)1. Comput Methods Programs Biomed. 1 de setembro de 2001;66(2):183-98.

49. Faiña A, Nejati B, Stoy K. EvoBot: um robô de manuseio de líquidos modular e de código aberto para experimentos científicos. Appl Sci. Jan 2020;10(3):814.

50. Wu Z, Xu Q, Ai N, Ge W. Projeto de um novo robô biaxial acionado magneticamente com estrutura compacta e fácil operação. IEEE Robot Autom Lett. junho de 2023;8(6):3884-91.

51. Lange O, Erhard M, Teutsch C, Sander J. MIROB: identificação rápida e automática de microrganismos em alto rendimento. Troccaz J, editor. Ind Robot Int J. 1 de janeiro de 2008;35(4):311-5.

52. Naugler C, Church DL. Automação e inteligência artificial no laboratório clínico. Crit Rev Clin Lab Sci. 17 de fevereiro de 2019;56(2):98- 110.

53. Smith KP, Kirby JE. Análise de imagens e inteligência artificial no diagnóstico de doenças infecciosas. Clin Microbiol Infect. 1 de outubro de 2020;26(10):1318-23.

54. Ingham CJ, Sprenkels A, Bomer J, Molenaar D, van den Berg A, van Hylckama Vlieg JET, et al. The micro-Petri dish, a million-well growth chip for the culture and high-throughput screening of

microorganisms. Proc Natl Acad Sci U S A. 13 de novembro de 2007;104(46):18217-22.

55. Forbes BA. Diagnóstico microbiológico (Internet). Ed. Médica Panamericana; 2009 (citado em 12 de abril de 2024).

56. Tian Z, Wang Z, Zhang P, Naquin TD, Mai J, Wu Y, et al. Gerando pinças acústicas multifuncionais em placas de Petri para manipulação precisa e sem contato de biopartículas. Sci Adv. 11 de setembro de 2020; 6 (37): eabb0494.

57. Lahoz-Beltrá R. Bioinformática: Simulação, vida artificial e inteligência artificial (Internet). Ediciones Díaz de Santos; 2004 (citado em 12 de abril de 2024).

58. Hernández M, Quijada NM, Rodríguez-Lázaro D, Eiros JM. Aplicação da sequenciação massiva e da bioinformática ao diagnóstico microbiológico clínico. Rev Argent Microbiol. 2020;52(2):150-61.

I want morebooks!

Buy your books fast and straightforward online - at one of world's fastest growing online book stores! Environmentally sound due to Print-on-Demand technologies.

Buy your books online at
www.morebooks.shop

Compre os seus livros mais rápido e diretamente na internet, em uma das livrarias on-line com o maior crescimento no mundo! Produção que protege o meio ambiente através das tecnologias de impressão sob demanda.

Compre os seus livros on-line em
www.morebooks.shop

Printed by Books on Demand GmbH, Norderstedt / Germany